高品美学书 —— 一本雅俗共赏、博学多识的

本书顾问：董书成

翡翠为什么这样美

|流|量|主|播|成|长|智|库|丛|书|

杨德立　杨明月　编著

多角度 翡翠审美
全方位 文化熏陶

◎ 翡翠审美表达
◎ 翡翠对话生活
◎ 翡翠对话美学艺术

30
分钟
慢话翡翠

云南出版集团

YNK 云南科技出版社

·昆明·

图书在版编目（CIP）数据

翡翠为什么这样美 / 杨德立 , 杨明月编著 . –– 昆明：
云南科技出版社 , 2023
（流量主播成长智库丛书）
ISBN 978-7-5587-5060-1

Ⅰ . ①翡… Ⅱ . ①杨… ②杨… Ⅲ . ①翡翠–基本知
识②翡翠–网络营销 Ⅳ . ① TS933.21 ② F768.7

中国国家版本馆 CIP 数据核字 (2023) 第 125426 号

流量主播成长智库丛书——翡翠为什么这样美

LIULIANG ZHUBO CHENGZHANG ZHIKU CONGSHU——FEICUI WEISHENME ZHEYANG MEI

杨德立　杨明月　编著

出 版 人：温　翔
策　　划：高　亢
责任编辑：洪丽春　曾　芫　张　朝　龚萌萌
责任印制：蒋丽芬
责任校对：秦永红

书　　号：ISBN 978-7-5587-5060-1
印　　制：云南金伦云印实业股份有限公司
开　　本：787mm×1092mm　1/16
印　　张：15.25
字　　数：353 千字
版　　次：2023 年 9 月第 1 版
印　　次：2023 年 9 月第 1 次印刷
定　　价：42.00 元

出版发行：云南出版集团　云南科技出版社
地　　址：昆明市环城西路 609 号
电　　话：0871-64114090

序

认真拜读了《翡翠为什么这样美》这部大作，我惊喜并震撼！几十年了，终于出现了一本关于翡翠美的这么好的书，读起来十分新鲜，耐人寻味，怡情享受，可称为当代翡翠之美之佳作！

中国人为什么认为翡翠很美？那是因为在中国玉文化的背景下，翡翠集合了自古以来所有玉石表现的各种美。人们欣赏美的核心是追求一种精神质量，美玉天下皆有，但翡翠的气质美和神韵美唯我国独有，这个"独有"，给我们创造了精神和物质的巨大财富！

本书作者突破传统，用现代美学的理论和方法，阐述了翡翠为什么这样美的本质原因，令人信服地解释了翡翠美的深层次心理过程。然后，探索出彩墨画和诗文民谣两种艺术美与翡翠美的美学关联，将三美结合，开辟出了一个表达翡翠美的崭新天地，令人眼界大开，对翡翠愈加赏心悦目，钟情不舍。

同时，作者还精心挑选了数百支翡翠手镯与数百幅彩墨画匹配，再与充满情趣和理趣的小诗、小散文、民谣、歌词、古诗词以及大量文学作品，组合成数百首对翡翠审美表达的"赞美歌"，与读者共享，让读者"欣赏有窗，表达有方"，一发不可收拾。可以预见，本书无论对翡翠主播、翡翠爱好者、欣赏者、消费者、销售者乃至加工者，都将是良师益友。

关于美、审美、艺术，关于翡翠的内在美与外在美、自然美与文化美，关于中西方美学对翡翠审美的借鉴与影响，关于翡翠的美学价值，等等，本书都作了扩展和探索，值得点赞。

本书的另一大特点，是以抒情的笔调行文。文笔流畅并不乏幽默，文采飞扬，文字美与翡翠美搭调；虽有美学理论却不艰涩，渗入平凡人生活，很接地气；雅俗共赏拿捏得当，越读美味越浓。字里行间，可以感觉到作者对翡翠深深的情怀。他的"三道说""三元构""三美图（歌）""四步曲"等，都是首创，所以，这本书应是一本翡翠审美的创史之作。

我与杨德立老师有着几十年的友谊，他性格开朗，有时兴趣一来会吼上一曲，声音高亢。他术有专攻，写出了多部传世佳作。这几十年来我们一起到过南亚、东南亚几乎所有的宝玉石矿山冒险考察，到全国各地评估价值连城的珠宝玉石，到全国各地(如澳门)乃至缅甸等海外地区讲学。他讲课独具风格，深受学员欢迎，教出来的学生成千上万，培养出的优秀翡翠主播也不在少数，是一位真正有成就的专家。

翡翠的书是很难写的，尤其是写出新观点新内容的创新作品。究其原因，或缺少翡翠综合知识，或缺少市场实践经验。但杨老师原来就是昆明珠宝学校的校长，后来又长期待在翡翠市场，当过珠宝公司职业经理，横跨学界、商界30多年，积累了丰富的经验，所以能悟出并写出这么好的作品。

写出一部经典之作，要花费大量的时间和精力，是很辛苦的事，但他成功了。

祝贺《翡翠为什么这样美》出版发行！

2023 年 7 月 13 日

引　言

人们公认翡翠美冠天下。可是，美在哪里呢？

行业内几乎都用"种水色底工光瑕"来回答，如此这般代代相传，至今已经几百年。

其实，这套行话是对翡翠品质优劣的评估，是商学，是"求财"之道。虽然其中有少许涉美，如"飘花、色辣、漂亮"等语，但太少、太浅、太单薄。即便是现在的主播们，也只是喊"哇，美呆了！哇，惊呆了！哇，我的妈呀！"然后，不停地啧嘴。

而 1990 年开始，我国大中专院校始创珠宝专业，宝石学的介入，讲的是地质学、矿物学、晶体光学及各种宝玉石的宝石学性质，这是科学，是"求真"之道。此道极大地吸引了人们的关注，至今也已有 30 几年。

上面两套体系的哲学本质，都属于理性的范畴，是翡翠客体上可测量的客观存在，并不是审美主体的情感体验，因而不是真正意义上的美学。

但近 20 多年来，国人对翡翠的需求，已经占据了国内近一半的珠宝玉石市场，为什么？那倒不是因为她是真是假，或者是贵是贱，而是因为，翡翠，实在是太美了！可是，为什么这样且怎样才能表达出这种"摄人魂魄"的美呢？

笔者思之久矣，是时候了，我们有必要用现代美学的相关理论和方法，对翡翠的美来一次深度的挖掘和全新地表达。

近年，笔者多次培训翡翠直播公司的主播和员工，与众多主播交流，思想碰撞，"卷起千堆雪"。朦胧中，我欲因之梦玉悦，"一夜飞度镜湖月"，于是，漫步，且走笔。

毋庸置疑，翡翠对所有钟情者都能引发奇妙的美感，所以，本书适用于所有翡翠消费者、经营者、加工者、欣赏者爱好者和主播们。只是，作为美的使者——翡翠主播们，应该先行一步。

目　录

翡翠 为什么这样 美

50 分钟
慢话翡翠

翡翠为什么这样美

30分钟
慢话翡翠
一

让美感照亮了蛮荒

是谁带来远古的呼唤

漫步一

一个古老的问题

与翡翠牵了手

一个古老的美学问题

举目望去，美无处不在。仅中文对美的描述和形容的语汇就多不胜数。

如一个"美"字加一种事物的名称：美玉、美人、美眉、美貌、美肤、美山、美水、美景、美饰、美食、美酒、美味、美德、美梦、美术、美谈、美言、美声……

再如对美的形容：美丽、漂亮、美艳、绝美、艳丽、靓丽、美妙、美好、美轮美奂、美不胜收、精美绝伦、姹紫嫣红、花容月貌、明眸皓齿、宏伟壮丽、清词丽句、争奇斗艳……以至于我们在大自然中、社会生活中、各种艺术中，人类所有感官所享受到的关于美的那些无穷无尽的事物，简直不胜枚举。

那么，美是什么，是否有一种普遍存在于万事万物中的"美的东西"呢？

这是一个古老的问题。因为最早提出并论述这个问题的，在中国，是先哲老子（春秋时期，公元前571—? 年），在欧洲，是古希腊的柏拉图（公元前427—347年），两位哲人距今都已经2500多年了。2500多年来，对这个看似简单却很难回答的问题，中、外各种流派都绞尽脑汁，纷争不断，直至今日。

老子

柏拉图

这个古老的问题开启了美学理论研究的先河。如今，较为统一的是美学研究有三个范畴：

（1）美是什么。

（2）什么是审美。

（3）什么是艺术。

翡翠只是千千万万美的事物中的一种，因此，对翡翠美的研究也完全可以转化为对应的三个范畴：

（1）翡翠的美是什么。

（2）怎样对翡翠进行审美。

（3）用什么艺术形式来表达翡翠的美。

于是，一个古老的美学问题与翡翠牵了手。

三个美学的基本概念

我们还是从2000多年前一直延续到现在的那个最简单、也是最经典的例子开始吧。说他经典，是因为直到现在考美学研究生，也常以此为例提问题。

对一朵花的两种表述方式：

（1）这朵花是红的。

（2）这朵花是美的。

当然，完全相同的，也可以是翡翠：

（1）这支手镯是绿的。

（2）这支手镯是美的。

从这两种表述，可以引出美学的三个基本概念：

（1）主体：人，观察者，审美者。

（2）客体：被观察的事物，审美对象。

（3）心理感受：人的心理活动过程与结果。

注意，客体作为实体，其外形及内部组成都是可测量，可数据化，可定量

描述的。但人的心理感受却是人类的精神活动，是不可测量，不可数据化，只能定性描述的。

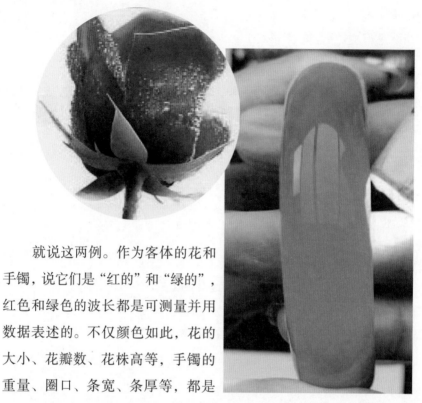

就说这两例。作为客体的花和手镯，说它们是"红的"和"绿的"，红色和绿色的波长都是可测量并用数据表述的。不仅颜色如此，花的大小、花瓣数、花株高等，手镯的重量、圈口、条宽、条厚等，都是可以测量并用数据表述的，并且是可重复验证的。任何人去观察和测量这些数据，都是一样的。

当人们在研究实体的外形与内部组成时，靠的是理性的思维和相关学科的理论与逻辑推演，与情感因素无关，属自然科学，是求"真"，不是求美，所以，这些数据及表述都不是"美"。

但是说它们是"美的"，却是主体（人）的心理感受。不同的人对同一事物的心理感受强度并不一样，如这朵花和这支手镯，你说"美的"，有多美？是"几斤美"还是"几米美"？是稍微美、一般美、很美、太美，还是无与伦比的美？也可能有人感觉并不美呢。所以，心理感受无法测量也不可数据化，但却是客体在人心理活动中的真实存在，是另一种真实，因人而异，且不可重复验证。

美和美感

人的心理活动会使人产生不同的心理感受，如兴奋或压抑，快乐或痛苦，喜悦或郁闷等。这些心理感受同时携带着相应的情感，如影相随，只需在这些词汇后加一个"感"字，便可表达这些情感。例如，兴奋感和压抑感等。毫无疑义的是，当人们产生美感时，总是相伴着喜爱、愉快、兴奋、高兴等情感，可统称"愉悦"，这是由人类共同的情感经验来证明的。由此，我们得到了"美是什么"的基本答案：

（1）美是一种愉悦的心理感受。

（2）美感就是美的心理感受所引起的情感。

（3）能够引起愉悦情感的事物，就是美的事物。

由此可见，一件事物美不美和有多美，是由美感来判断的。

美感其实就是愉悦的情感，情感不是靠理性的认知推导出来的，而是靠体验产生的，美学把这一系列心理过程叫情感体验。愉悦的情感体验即美感，如前述不可划一，因人而异，更有敏感和木讷、深刻和粗浅等极为细腻的层次之分，所以，美和美感存在于同一个心理活动过程中，既是同一的却又有区别，他们的产生，恰似一对双胞胎的诞生。

既是同一的却又有区别

而所谓"判断"，其实就是鉴赏。"鉴"有区别之意，即解决"美不美"的问题。如果感觉不美，就会戛然而止；如果感觉美，那就自然而然转为欣赏，"欣"，不就是一种愉悦么？于是，我们就进入了美。

比如这两支手镯，感觉一下，哪一支感觉戛然而止，哪一支感觉愉悦，继而转为欣赏呢？呵呵，情不自禁，欣赏……

这就是美和美感的心理活动过程，请注意它们下面的四个特征。

（1）美是无功利的。一个事物美不美，与他能不能给我们带来实用功能、经济利益或其他好处没有关系；反之，凡因功利而说的"美"，其实都不是真美。比如，无用且不能卖钱的月亮，人人都说它美，就是真美。但是，饥饿时饱餐一顿，感觉舒服产生愉快，赞道"美食啊"，是生理的快感，有功利性，不是真美。有人会说，这支手镯很美很值钱，那是此人把审美过程和美的价值混为一谈。审美是在判断美不美，而不是评估值不值钱。而且，说它值钱时，它就已经不是审美的对象而是价值交换的商品了。美及其价值，是因果关系，而不是等同关系。在欣赏这支手镯时，有钱无钱、拥有没拥有，都会感觉到美，不会因为无钱购买或者没拥有，就说不美。这就是美的无功利性。当然，除非嫉妒而故意贬之。

（2）美感具有普遍性。虽然美感无法度量，似乎没有统一的标准，但事实上，在绝大多数情况下，人们对同一事物的美感存在着趋同的普遍性，即对世间万物具体到其中的一个单独的美的个体，绝大多数人都会产生普遍认同的美感。简言之，人们会公认某个事物是"美的"。例如，公认喜马拉雅山壮美，苏州园林秀美，公认"环肥燕瘦"美、俊男靓女美，公认李白的诗飘逸美、王维的诗空灵美，公认钻石美，当然也公认翡翠美。此时，如果有谁说不美，就会被人们评价为"什么水平嘛"！这就是美感的普遍性及其力量，这是某个族群在长期共同的社会生活中所形成的。

但功利性的快感不存在普遍性，例如，某人赚了钱他很愉快，但别人普遍并不会愉快。很多生理上的快感也没有普遍性，例如，湖南人吃辣椒会获得很大的快感，感觉痛快，但广东人普遍连一丁点辣椒都不沾，更不要说快感。

但美感却有普遍性。有了它，才有了"共享"和"分享"，人们才有了快乐、高兴、幸福等一切美好情感的交流，社会才有了旅游、文化、艺术，人类才有了鲜活灵动的生活。

（3）美感是人的例证。通常所说的"爱美之心，人皆有之"，用"美感"这一概念可以更深刻更圆满地诠释。当每个人仔细分析自己产生的美感时，会有两种更细腻的感觉，一种是优美的感觉，一种是崇高的感觉，这是被加工和改造过的情感，不再是原始和粗糙的情绪，因而被归为高级情感。高级情感还包括理智感和道德感。这三者都是人类才有的情感，而动物没有。所以，美感被不少美学家称为"人性的例证"，即人皆有之。

（4）美和美感照亮世界。对那朵花和那支手镯，乃至对一切具体的事物，如对个人和众人、男人和女人、小孩和老人、白人和黑人，对自然界的山、水、鸟、兽、鱼、太阳、月亮等，对人群间的关系，对艺术品……只要我们感觉是"美的"，那就是主体愉悦的情感体验，也就是"美本身"，而不是那朵花和那支手镯，及那些具体的事物。领悟美学心理学分析的这一极其重要的区别，对后续我们揭示翡翠的美非常必要，这一区别与中国文化中的"悟禅"和"悟道"，有异曲同工之妙。

地球的年龄45亿年，宇宙溯源则无限，在如此漫长的岁月里，万物只是无所谓美与不美地、自然而然地存在，直到百万年前，人类及其表达人类美感的那些岩画的出现，万物才绚丽起来。美学家们甚至欢呼："美和美感照亮了世界"。

意象世界

在美学中，把人的美感与具体事物分为两个部分，即主体与客体，用此去分析研究的思路和方法，称为"主客二分法"，此法有其易懂且实用的优势，被很多人接受并长期应用。其中，在对主体审美心理的研究中，有一个极其重要的发现，就是人类的"意象世界"。

每个人的愉悦情感体验（美感），在程度的强弱和联想的广袤上千差万别，

五彩缤纷，甚至神秘莫测，因而组成了另外一个世界，被称为"意象世界"。意象世界是人类的精神家园，他虽然不是物理上的实体，但却是世间的真实存在。

这种真实的存在可以用一个简单的例子来说明，就是中国水墨山水画。水墨画讲究"三空"：水空、云空、天空。如下面这幅水墨画，画中对水、云、天都没有画出任何的形状和色彩，它们都空空如也，但是任何人都"看见"了它们，而且体会到了它们不同寻常的美。这就是最直接、最明白、最基础的意象世界，它们以另一种真实，鲜活地存在于我们的精神世界里。

而在更广阔的视野里，人是自然万物中的一种，与万物本为一体。人的美感所构成并遨游的意象世界，若能最大限度地表达审美对象的真实，就会摄人情魄，令人陶醉、催人神往，是最高层次的美，达到了玉石界所憧憬的"天人合一"的完美境界。其实，"天人合一"也是美学界常用的专业术语，只是这翡翠、玉石，源于自然而又追求自然，便捷足先登，较为突出地使用了。但是，美学升华了的"天人合一"的意象世界，能为我们打开更宽广、更悠远的审美空间。

水墨画的"三空"意境

这个真实但却隐蔽得难以捉摸的世界，常被一般人忽视，但早就被中外哲人们关注，并有大量的论述。仅以专用术语为例，中国传统文化中的，我们较为熟悉的如思维修、清虚、自然、意、气、神、神思、风骨、传神写照、气韵生动、心物不二、象、静、相、心学、妙悟、游心、无念、色空等，就是"儒、释、道"三家对意象世界的描述。

所以，"意象世界"是美的另一种更深入、更准确的阐释。换句话说，当人们问"美是什么"时，答以"美是人的意象世界"也是正确的。

如前述，如果没有人的意象世界，那支手镯，那些世间万物，都将寂静地、物理地存在，无所谓美与不美。所以，美学启迪智慧，让我们高质量地享受美的人生。

美的理趣启迪：中外名人金句

　　不同时代的哲学家、美学家关于"美"的名言，尽管带有历史的痕迹，但如今我们细细品味，尤其是联系翡翠的美，依然能够品得津津有味。

美不自美，因人而彰。
——唐·柳宗元

凡是不凭概念而被认为
　　　　必然产生愉悦的对象就是美。
——德国·康德

美感的世界
　　纯粹是意象的世界。
——现代·朱光潜

美是活的形象，
　　是人性的完满实现。
——德国·席勒

没有心灵的映射，
　　　　是无所谓美的。
——现代·宗白华

美就是理念的感性显现
——德国·黑格尔

审美意象不是一种物理的实在，……，
　　而是一个完整的、充满意蕴、
　　充满情趣的感性世界。
——当代·叶朗

美感是灵魂在"迷狂"状态中
　　　　对于美的理念的回忆。
——古希腊·柏拉图

翡翠为什么这样 美

30分钟
慢话翡翠

漫步二
翡翠审美的
天地迷离梦幻

那是心灵的港湾

美之船从那里扬帆

　　其实，当我们在讨论美和美感的时候，审美就在不知不觉中开始了。因为，审美就是鉴赏的过程，是一种情感体验的活动。而且，我们已经知道，美和美感是一种愉悦的情感体验，那么，审美当然就是一种愉悦的活动，也就是一个愉悦的过程。

　　几千年来，哲学家，心理学家，美学家，各类艺术家们，都对这个过程和活动进行了大量的研究。例如，把美分为自然美、社会美、艺术美、科学美等，又如，把审美与时代变迁、科技发展、经济地位、社会群体、人文环境等联系起来；再如，审美活动的各种生理和心理上的反应、规律及其对个人行为的种种影响等，甚至进入到人体解剖学，把美感与人脑两半球的功能联系起来分析，等等。

　　总之，审美和每一个人密不可分，审美研究其实就是美学主体的研究。进入审美的领域，就进入了人类的精神家园，你会发现，古往今来内容极为丰富，有的就在身边，有的却很遥远；有时似乎很懂，有时却很费解。正所谓兴冲冲迷离梦幻，"喜茫茫空阔无边"。

　　为什么会有这些感触呢？因为，美学是一门交叉学科，是与艺术学、心理学、人类学、社会学、民俗学、文化史、语言学以及审美对象相关的学科，都有密切的关联，再加上美学的学派也很多，所以，我们会有进入"秘境"之感。

　　因此，我们只能涉猎与翡翠审美相关的内容。

审美态度是美之帆起锚的港湾

我们还是回到那朵花和那支手镯身边吧!

前面我们举出了对花的两种表述:"红的"和"美的"。实际上并不止这两种说法。所谓的"红的",可能是位学画画的小朋友或者做颜料生意的商人,看到了颜色的种类;如果是位植物学家,他关注的可能是花的种类与目科属,则会说:这朵花是郁金香,百合目、百合科、郁金香属;如果是位花商,他关注的是价格,会问多少钱;但当一位画家看到时,则可能会被那朵花的色彩和亭亭玉立的形态所打动,想创作一幅美丽的图画。可见,对同一客体,不同人的不同角度或者说不同心态,将会有不同的结果表述。只有当所有人都抱着欣赏美的心态去感受时,才会都说"美的",这种心态就是审美态度。

那支手镯同理。鉴定师可能会理智地关注那绿色是真是假,零售商会马上兴冲冲问进价,买家会小心咨询售价,毛料商会老道地评价材料的价格,加工师傅则会感叹材料质地难得,抛光师傅会很内行地评价"起光不错",而诗人,则可能会被那美丽的绿色引发激情与联想,冲动着想吟诗赞美。诗人的态度就是审美态度。只有大家都以审美态度来欣赏时,才会异口同声地说"美的"。

审美态度是一种较深层次的情思角度,处于潜意识状态,常常会被"屏蔽"。因为,人们的社会角色和职业习惯会形成思维上和情感上的惯性,且这种惯性往往带有实用性、功利性和科学性,因而被认为是合理的。但是,正是这种合理性一马当先,屏蔽了"潜藏"的审美态度和审美眼光。

禅宗认为,"功利心"遮蔽了一个万紫千红的世界,只有破了"功利心",换上"平常心",才能看见这个美丽的世界。老子主张"涤除玄鉴",庄子认为要进入"坐忘""无己""心斋"的状态,即要有"闲心",才能"得至美而游乎至乐"。

民间通俗调侃不会审美的人没有"眼水",可见,审美眼光和审美态度是

13

需要点拨、引导和培养的，禅宗和道家认为是需要"修练"的。

其实，翡翠的审美长期以来正是处于这一状态。数百年形成的评估体系关注了功利性和实用性，三十多年的求真体系关注了科学性，这两者强大的合理性思维屏蔽了审美态度，所以，无论是生产链，销售链，乃至最终的消费享用者，对翡翠的"美"，都停留在"太漂亮了"这一粗放的基础层面上。

因此，作为翡翠美的欣赏者、传播者和享用者，在科学的真假和商学的品质得到保证后，必须学会把"习惯性眼光"从"心见"中剔出来摒弃，换上审美的眼光，进入到审美的境界，从而获得人类情感中最高的美感享受。

这一转换需要并不困难的"修练"，这恰似修筑一个港湾，审美态度是人天生就拥有的天然港湾，只不过潜藏着，你只要下点功夫稍加修整，美之船便可以从这里扬帆，去远航。

审美过程与审美能力

远航也好，遨游也罢，为了丰硕的收获，我们有必要对审美的过程和审美的能力作进一步的心理分析。审美的心理过程可以细分为四个阶段。

第一阶段是美感直觉。第一眼印象，处于完整概念形成前的情绪阶段，情绪情绪，千头万绪，"剪不断，理还乱"，虽愉悦，但朦胧。正是这种朦胧可能发生三种分歧，一是真的可能很美，二是也许不美，三是丑。于是我们会看到三种现象，一是欣喜继续，愉悦倍增，庆幸自己"有眼光"；二是由热变冷，发现不美，"不过如此"；三是有些后悔，竟然是丑，戛然而止。如果确认直觉真的是美，那就会自然而然地进入到第二阶段。

由于美感直觉是非理性的情感体验，所以必有迟钝与敏锐之分，这就是美感的敏锐度，敏锐与否的区别，成为审美能力强弱的标志之一。

第二阶段是情感体验。放纵情绪，让其活泼、任意、自由地驰骋，创造出一个较为清晰的意境，完成由情绪到情感的飞跃，形成较为明确的感情指向，同时，愉悦的兴奋得到极大的增强，这就是情感体验。情感体验瞬间便能完成一个充满意蕴的意象世界。

人类的情感非常丰富，有无限自由的空间，但在联想的宽广、辽远及奇妙上，却因人而异，这就是情感体验的自由度，是审美能力强弱的标志之二。

这两个阶段是所有人都能达到的，只是人们有意识或无意识的认知而已，这也是对前述美感的心理分析。这两个阶段所能达到的效果，就是我们常常听到的惊叹"太漂亮了！"这女孩太漂亮了，这山水太漂亮了，这雪景太漂亮了，这花朵太漂亮了，这翡翠太漂亮了。"太漂亮"虽然能"照亮世界"，但只能算是基础的、初级的、或者说粗放的阶段，因为，还有下面两个阶段，就非人人可为了。

第三阶段是情思创造。这里的"思"，与科学领域的规律演算、逻辑推理之"思"不同，这里是以"情"思深入自我分析，认知、意会和品味自己的心理活动，从而整理出"太漂亮"的原因，这些"原因"也将千奇百怪，因人而异。这女孩美，为什么美？是胖美？瘦美？眼睛大美？小美？鼻梁高美？直美？这支翡翠手镯美，怎么个美法？是色的明艳度美还是色形美？是刚光美还是温润美？是色的构图美还是水的灵动美？

可见，只要具体深入，就会遇到具体事物的具体问题，例如，翡翠手镯品质变化的专业，一片山水取景构图的专业，女孩人体比例的专业，水墨画运笔着墨的专业，等等。如果不懂审美对象的专业，审美将无法深入。同时，在深入的过程中，各人的个性化情思特征将不可避免地凸显，这种凸显就是独有，就是创造，是情思美地创造。专业越完备，创造越独特，创造越独特，美丽越摄魂。

当然，情思的核心是意会和品味，仍然是审美者的情感心理活动，是在其内心进行的，但它须具备一定的专业知识，才能深入达到较高的层级。

不同的意会和品味，将导致不同的联想并进入不同的意境，这就是情思的认知度，是审美能力强弱的标志之三。

第四阶段是愉悦表现。把经过创造的、内在的真实意境，用自己拥有的表现形式表达出来，叫愉悦表现，也叫审美表达。

表：把内心的变成外在的。

现和达：把不可感知的变成可感知的，然后，或自我陶醉，或传达给受众。

审美表达的形式，就是艺术。而翡翠的审美艺术正是本书的主要内容，我们将在后面详加介绍。一旦审美过程的结果能用艺术的形式表达出来，她将熏陶和满足人类情感的高级需求，她与温饱、安全等生理和生存需求不在同一层级上，是人类高层级的精神乐园，因而拥有巨大的力量。

但是，艺术与直白有质的差别，作品更有高下之分，可见，愉悦表现的能力不是人人生而有之的，这就是愉悦表现的艺术性，是审美能力强弱的标志之四。

民间常有人说，某人懂的，某人只是"茶壶里煮汤圆——倒不出来"。错，人类的思维是靠词汇和语言来进行的，审美能进入到情思和表达阶段，则必定有词汇和语言的应用。"倒不出来"，说明"尚未进入"，还处在第一、第二的粗放阶段，除非表达现场过于紧张。

所以，这两个阶段是审美的高级阶段，需要有志者不懈努力。

审美中的"移情"与"情结"

我们已经初步领略了审美是一种复杂的心理现象。因此，我们只能挑选几个与翡翠审美密切相关的理论和概念作进一步介绍。

审美中的"移情"。凝视客体时，人们常常会不由自主地把自己的情感转移到客体上，认为客体也有相同的情感，就叫移情。移情是非常普遍的情感体验现象，尤其是对大自然，例如，月亮静静地看着我，梅花骄傲地迎雪怒放，鱼儿在悠闲地游玩，鸟儿在欢乐地歌唱。其实，月亮、梅花、鱼、鸟哪有什么情感，都是观赏者彼时愉悦情

凝视这支手镯

感的"移情"，就是"借景抒情"，这是文学创作等若干艺术形式中常用的手法，最完美的境界就是情景交融，在美学中叫"物我同一"，中国文化称为"天人合一"。

可见，"移情"是审美表达的一种重要途径，这一途径可包罗万物，天地山水、花鸟鱼虫、天鹅、熊猫、俊男美女……，当然还有翡翠。

当我们凝视一支翡翠手镯时，它的种、水、色使我们产生的美的情感，将移情到它身上去，同时形成美的意象。审美即欣赏，尤其是专业的审美者，都必须感情敏锐而丰富，然后才可能 "自作多情"地去"移情"，再以情思创作出作品，尽可以风花雪月、荷塘蛙声、情似泉涌、思如风驰、美若云霞、叹及古今。最后表现传达，寻求共享。

与现时移情不同的是审美中的"情结"。情结是一种隐秘的心理现象，大量平常未能表露的过往经验、见识、感动、本能、欲望、冲动等，点点滴滴，日积月累，被压抑在无意识的某个领域里活动，形成一个相对集中的"结"，叫"情结"。情结可以看作是某些群体"储备已久"的情感，一旦被外在的信

小南山文化出土玉器

17

息刺激而释放，将会产生"向往已久"的美感，这种美感因"根深蒂固"而更加强烈也更加稳定。例如，玉石情结、贵饰情结、品牌情结、民俗情结、军人情结、诗人情结……

2020年7月宣布的最新考古发现，黑龙江饶河县小南山遗址出土了200多件玉器，是我国最早的玉器，距今9200年。九千多年玉器与玉文化的传承，使中华民族独具爱玉情结，民间"谈玉则喜"。而翡翠自明朝嘉靖年间大量传入中原，也已有四百余年，尤其是近二十几年更广为人知，在国人更广大的社群面形成了"爱翠情结"，民间"谈翠则乐"。

当然，对于几百、几千元的中低档翡翠来说，人们追逐喜爱，更多的是玉

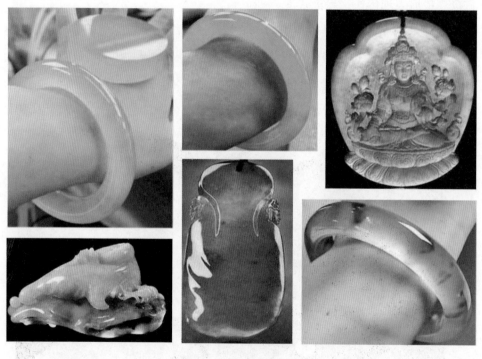

贵饰情结的高货目标

文化传统中的社会美和民俗美，但对于中高档翡翠而言，人们在审美时处于"无功利"状态，都会公认其自然之美"美冠天下"。可见，"爱翠情结"是由多角度多层次的审美构成的，虽然翡翠有档次，但是人们的"情结"却是相同的。

而处于所有珠宝玉石价值链顶端的高档、特高档翡翠，在部分实力雄厚的群体中，形成了"贵饰情结"，及至"高货情结"，这个群体专注着高端翡翠市场，乐此不疲地追求着她们心目中艳压群芳的那件宝贝，这种"情结"的内涵，可另当别论。

审美中的"同构"与"共通感"

有一句广为流传的话"仁者乐山，智者乐水"。仁慈者的"仁"情怀厚重博大，而连绵的高山也厚重博大，虽然一种是人的心理现象，另一种是实物的形式表象，两者本质不同但"结构"相同，称"异质同构"，因而能引起人类心理上的认同、理解与共鸣，所以仁慈的人喜爱山是必然的。这就是审美中的"同构"理论。同样，智慧者"智"的细微和机敏，与水的细微浸润和随形流动同构，所以智慧的人喜爱水是必然的。（注：此处并非完全是孔子的"知者乐水，仁者乐山"。）

主体情感结构与客体形式结构相同，叫"同构"。同构是美感产生的重要原因之一。这种例子比比皆是，例如，思念的缠绵与藤蔓的缠绵，惆怅的无形与流水的无形，心情的明丽与朝霞的明丽，感情的热烈与火焰的热烈，等等。

中国传统文化中，把万物归纳为五行"金、水、木、火、土"，其归纳时应用的方法，也是更为宽泛的同构原理。

翡翠审美中最为典型的同构就是"水"。翡翠是固体，本没有水，为什么人们会把她"看"出"水"来呢？那是因为，翡翠的综合光学效应给人有灵动变幻的感觉，而真正的水也是流动变化的，正是这两者感觉的同构，让翡翠变幻的感觉者——赶马大哥们，就

同构：翡翠"水"的概念的产生

19

用"水"来讲述和交流翡翠的这种品质,这就是行话"水"的概念的产生。

当然,同构的威力还包括对这种玉石的取名,因为它实在是太美丽了,若按惯例以地名称呼,远不能满足人们享受到的美感所产生的喜爱之情,幸好大自然无独有偶,"翡翠之路"沿途的河塘边常见一种翡翠鸟,羽翅上的蓝绿色和红黄色与它的翠绿色和红黄色极为相似,于是,不知何年何月,人们把它称为了"翡翠"。这不是哪位帝王,哪位专家,哪个权威机构取的名,而是一个族群"同构"的浪漫情怀!

在审美表达的文学艺术中,当概念的词汇显得干瘪无味时,当词汇的堆砌显得空洞无力时,同构的意境就会大显身手。它创作出的无数诗词绝句、散文歌赋,脍炙人口,流传千古。

这是宝藏,无穷无尽,我们翡翠的审美何不运用"同构",挖掘出来好好地用一用呢?

由同构衍生出了审美的另一个重要概念"共通感"。所谓共通感,就是一个群体对同一个审美对象的美感判断,存在着必然趋同的一致性。正所谓"人同此心,情同此感"。康德定义为"一切人对于一个判断的赞同的必然性"。为什么会有这个规律呢?

这是因为,对一个审美对象,如果只有一个人判断是"美的",其他人都无此判断,那么这个"美"是无意义的。虽然情感是个体的,但是群体共同生活的环境,最终会促成个体的趋同。因此,个体美感的标准是由群体的美感认同来确定,或者说,群体的美感认同制约着个体的美感标准。

但要注意的是,这里的认同只是趋同而不是完全相同。如前所述,个体美感在深度、广度、联想等诸多方面都存在着差异,因此,每个人的美感不可能完全相同,只可能相似,但相似就不会排斥,不是有"物以类聚,人以群分"之说吗。于是,相似便可以相通,所以,对这个规律的表述使用的是"通"而不是"同",是"共通感",而不是"共同感"。

共通感的重要性在于,他是人们审美时产生共鸣、审美后进行交流、审美价值取向乃至艺术创作的基础,因此也是美能够传播、传达而具有普遍性的基础。

不难设想，如果没有共通感，各人审各人的"美"，各自为政、各吹各打而处于自我封闭的状态，什么美和美感的共鸣、喜悦、交流、艺术、价值等，都将不复存在，那么再美的东西岂不是只能"孤芳自赏"？那将是一个怎样"浑沌"的世界？

共通感的另一个维度是期待与要求，个体的审美总是期待并要求着他人的同意和赞美。注意，"期待"还比较内敛，比较客气，"要求"就比较外向，有点霸气了，而且，"着"是现在进行时，就是审美的同时就会产生。比如某人感觉西湖美，他必然期待着别人也认为西湖美，如果别人说不美，他就会生气，外向一点的人甚至会要求别人说美，如果别人说不美，他就会怒而反唇相讥。某人穿条裙子感觉很美，她必然期待着别人也感觉美，甚至要求别人说美，否则，尽管嘴上不说，心里也会很生气，"很扫兴"。找男、女朋友更是如此，自己审过来审过去的"美"相上的对象，肯定期望并要求朋友们"同意"是俊男美女，大家都说长得"好看"，同意的人越多越得意，甚至带着满大街逛，干什么？争回头率，让更多人同意。

当然，翡翠也不例外。自己"挑七挑八"挑选的手镯，肯定要戴给人看，期望并要求着亲友们的赞美，这是必然的心理需求，聪明的商家常说"喜欢就好"，其理在此。至于他人的反应及本人的应对，则是另外一回事，得另当别论。

自然美与自然的翡翠

审美涉及人类活动的方方面面，大致可以分为自然美、社会美、艺术美、科学美、技术美等五个范畴。翡翠属于大自然的天造奇物，我们有必要深入但却简要地介绍自然美。

我们已知，一千二百多年前唐代的文学家柳宗元有名言"美不自美，因人而彰"，意思是：美不是自身的，而是需要人去彰显的，不同的人对美有不同的感受。现代美学家朱光潜说："如果你觉得自然美，自然就已经艺术化过，成为你的作品，不复是生糙的自然了。"可见，自然美不是自然物和自然景本

21

身的客观存在，而是人们心目中显现的这种客观存在的意象世界。

那么，人们为什么会"觉得"自然是"美的"呢？那是因为自然物和自然景的外在"形式"，如线条、形状、配置、姿态、色彩、声音等，与人们内在的无穷无尽之中的某种愉悦"同构"，从而引起兴奋，进而引发联想，终而产生美的意象。这个过程被很多美学家称为"契合"和"感发"。

所以，自然美就是"境界之呈于吾心而见于外物"的审美意象（王国维 1877—1927），是"主观的生命情调与客观的自然景象交融互渗的……灵境"（宗白华 1897—1986）。

清·郑板桥《墨竹图》
122 cm × 59 cm

至此，我们已经使用了意象、意蕴、意境、灵境、境界等审美术语，他们都是主体在审美活动中超越具体事物，进入无限的时间和空间，获得或对人生、或对历史、或对万物的一种更广阔、更自由、更舒展、更愉悦的感悟场景。因此，这些术语的内涵是相同的，只是在不同的审美范畴中，选择专用更为贴切。如意象和意蕴更具学术性，常在美学的理论研究中使用；意境和灵境常在自然美和艺术美中使用，境界则常在自然美和社会美中使用。

所以，王国维和宗白华对自然美就给了我们"境界"和"灵境"之说。这种互渗交融的境界和灵境，在历代诗人那里则更带有浪漫情调的论述。最著名的，如南宋辛弃疾（1140—1207）说："我见青山多妩媚，料青山见我应如是。"清代郑板桥（1693—1766）说："非唯我爱竹石，即竹石亦爱我也。"两人虽相隔五百年，但对自然美的追求和洞见竟如此惊人地相似，正所谓"物我两忘"，"天人合一"。难怪，一位成了豪放派的大词人，名垂千古，一位成了诗、书、画三绝的大画家，流芳百世。

我们对翡翠的审美追求也应如两位先贤，进入"吾心与翡翠""情调与翡翠"互渗相融的境界，"我见翡翠多妩媚，料翡翠见我应如是""非唯我爱翡翠，即翡翠亦爱我"。这是一种"灵境"，在这种灵境中，我们的心灵与翡翠的种水色将会产生奇妙的"异质同构"作用。重要的是，这种同构非同一般，这是在与大自然最古老的精灵"同构"。

须知，在白垩纪晚期的约八千万年前，地球到处岩浆横流，洪冲山啸，大地母亲孕育了这个精灵。青藏高原是它的温床，喜马拉雅是它的摇篮，它在地宫里由三种地质作用又锤炼了三千万年，直到五千万年前的古近纪早期，大地终于安静，呈一片祥和的时候，它诞生了。但它在那个遥远的蛮荒之地，与高

山流水作乐，与森林鸟兽寻欢，静静地等待着。

千万年，太阳和月亮轮流照耀着大地，那是宇宙才用的时间，何等漫长。直到有一天，斗转星移，女娲创造了我们东方的人类，于是，一段谜一般的奇缘，我们终于相遇了。

几百年来，我们用东方的智慧珍惜着这个精灵，在从毛料到成品的几十道加工环节中，人们都在为发现、保留和展示它最原始、最真实的容颜而殚精竭虑。因此，我们感受到的，是五千万年前的信息，而它带来的，是"远古的呼唤"，留下的是"千年的祈盼"，它"日夜遥望着蓝天""渴望永久的梦幻"，与这样的精灵"异质同构"，我们将思接千古，意触万物，神如云驰，情如潮涌……

很多时候，人们常被它的美丽、其实是自己心灵的美感所震撼，心生敬畏而自怕，怕的是自己的文字和语言远远表达不出那"美"的万一，于是，欲纵歌咏，"难道说还有无言的歌，还是那久久不能忘怀的眷恋"？

审美情趣的吟悟：中外名人金句

凝神遐想，
妙悟自然，
物我两忘，
离形去智。
——唐·张彦远

审美意象乃
是情感与想象的
融合。
——当代·叶朗

一触即觉，
不假思量计较。
——明清·王夫之

审美对象不是
别的，只是灿烂的
感性。
——法国·杜夫海纳

审美判断是对
主体的判断。
——德国·康德

审美即直觉，直
觉即表现，表现即
创造。
——意大利·克洛齐

翡翠为什么这样美

30分钟
慢话翡翠

漫步三
翡翠审美的
文化厚重丰饶

无论高山还是海洋

淘之不尽取之不完

　　如今，动辄讲文化，即使毫不文化也冠以文化，似乎不挂块文化的招牌就上不了档次。那么什么是文化呢？社会学家们很难给"文化"下一个公认的统一的定义。通常认为，文化是指一个族群在历史传统、生活风俗、人情世故、精神信仰、伦理道德、审美情趣等社会生活的方方面面所形成的共同的思维方式、行为习惯、价值观念、公序良俗等。不同族群形成并拥有不同的本民族文化。

　　可见，文化是一个总的广泛的概念，包括了很多的子文化，如饮食文化、服装文化、节庆文化、少数民族文化……，当然还有我们的玉文化。

　　文化代表着一个族群的智慧与精神的特征。人类在从旧石器时期向新石器时期过渡的期间里，逐渐发现了石头有软硬和是否美丽之分，从而产生了"玉"的概念并制作了玉器。在人类四大文明发源地中，除古巴比伦因地处平原无石源而较早发展陶器外，另外的中国、古印度和古埃及，都发生和经历过这个过程。然而，古印度和古埃及后来都转向追求黄金和财宝去了，只有中国延绵不断，把玉器及其所孕育的文化，即玉文化发展至今，成了"外国人没有，中国人独有"的"奇葩"，而且越开越枝繁叶茂、硕大绮丽。为什么呢？这可是至今无人能解的"世界之谜"。

玉器"高贵的美"与三大时代

　　如前述,中国玉器与玉文化的发展已经有九千多年的历史,它像一条长河,在东方的大地上缓缓地流淌。追根溯源,我们发现,在所有玉的源头文化遗址中,玉器在作为工具的同时,也用作了饰品。例如,距今9200年的黑龙江小南山遗址,距今8000年的内蒙古兴隆洼遗址,等等,都是玉的工具与饰品同址出土。

　　饰品,无须论证,当然是为美而作。玉制饰品与工具的同时出现,说明了我们的祖先还在原始群落的时代就爱美。这有力地佐证了美学理论中的一个重要命题:美和美感是人性的证明。当然,同时也说明,玉石从人类开始使用它那天起,就认为它是美丽的。而这种美丽特别被我们这个民族所钟爱,于是,它与我们渗融为一体,深入到了这个族群的社会生活之中,扮演了重要的角色,它的命运就和这个民族一样,既跌宕起伏,又多姿多彩。

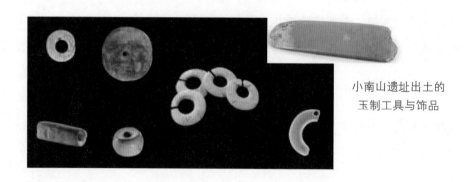

小南山遗址出土的
玉制工具与饰品

就主要的社会功能而言，中国玉器与玉文化的发展，经历了三个时代。

首先是"神玉时代"。众所周知，原始人类相信万物与自己一样，有生命和灵性，叫"万物有灵"，包括日月星辰、河流山川、动物植物、当然也包括玉。他们进而相信冥冥之中有一种看不见摸不着的力量主宰着一切，就是神灵。他们需要举行向神灵诉说饥饱、冷暖、病痛、欢乐、要求、希望的重大活动，就是祭祀。祭祀的领头者就是酋长，他必须持有一个信物当作与神灵沟通的桥梁，于是，他们身边既有灵性不易损坏，又美丽且钟爱的玉，就成了首选。

在新石器时期早期，做了一段时间的工具和饰品之后，人们开始用玉制作祭祀活动用的神器，在长江流域和黄河流域，众多新石器时期文化遗址出土的

兴隆洼遗址出土的玉
制工具与饰品

大量玉器，充分说明了"神玉"时代的这段历程。

例如，距今6500年的内蒙古红山文化遗址出土的玉璧(祭天)、C型龙(祭神)、玉人(祭祖)、玉猪(祭食)，距今5000年的浙江良渚文化遗址出土的玉琮(祭地)，距今4000年的山东龙山文化遗址出土的玉圭(祭神)，距今3500年的四川三星堆遗址出土的玉璋(祭神)，等等。

有学者研究认为，一名原始人从能做活的年龄开始磨制红山文化遗址的C型龙(又称中华第一龙)，一辈子只能磨制出3~4个。虽然原始人寿命较短，但整个部落在忙于狩猎采摘求生存的同时，还要分出劳力来制作神器，由此可见玉器在部落社会里极其重要又极其高贵的地位。

玉不仅一现身就因其美而高贵，而且附之于其的神化与传说比玉本身还要美。不可小看神话，神话是一个民族想象与情怀的影子。

红山文化的 C 型龙

红山文化的玉猪

红山文化的玉璧

良渚文化的玉琮

红山文化玉人

三星堆文化玉璋

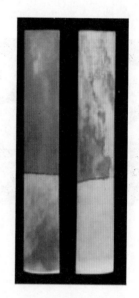
龙山文化玉圭

　　比如《山海经》里的"女娲补天"，用什么补？是女娲采集了五种色彩的石头，炼石而补，这五彩石毫无疑义就是五彩玉；我们的"老祖母"年轻时炼五彩玉补天，治天河洪水以救苍生，此等壮举，却充满浪漫色彩。

　　再说"盘古开天地"，盘古以利斧开天辟地后，劳累而亡，其右眼化为太阳，左眼化为月亮，骨骼化为高山，血脉化为江河，毛发化为草木，精髓则化成了洁白的玉石和珍珠。这是我们祖先中一位顶天立地、死而后已的大英雄，玉的源头竟然是由他的精髓而来，虽然带些悲剧色彩。

　　还有《穆天子传》等多部古籍中记载的"瑶池之约"。年轻的周穆王乘八匹骏马拉的座驾往西，日行三万里，开疆拓土而去。在群玉山见到了山大王酋长、年轻貌美的西王母，他送上黑色的圭、白色的璧、一百匹锦缎、三百匹白绸。两人在山中仙境般的瑶池相会，还你一句我一句对歌。临别时西王母送了上万件玉给他，他答应回去治理好百姓安居乐业，三年后再来相见。这故事倾倒了多少文人墨客，进入了多少美妙的意境，又作诗又绘画。李白就有《清平调》诗云："若非群玉山头见，会向瑶台月下逢。"李商隐亦有《瑶池》诗云："八骏日行三万里，穆王何事不重来。"后世考证，群玉山就是盛产和田玉的昆仑山，瑶台即瑶池就是昆仑山上的池名（西王母所居）。故人去矣，只是诗与神话传

女娲炼玉补天图

盘古化生图

瑶池对歌图

说齐名，早已传遍华夏，流芳百世。

神话、传说、诗、画，都是艺术，艺术可以给人高级的美感而更受人喜爱，后续漫步还将深涉。

由于玉的地位被神化和美化到至高无上的地位，所以，当秦始皇统一中国后，便把他掳到手的"和氏璧"改制成了一方大印和六方小印，大印上刻"受命于天既寿永昌"，代表他作为"始皇帝"的"天授君权"，钤印发布政令，此印是皇帝们的第一方印章，被称为"传国玉玺"，又称"天下第一玺"，从此，中国的玉与玉文化进入了"王玉时代"。若以此印作为分界线往前追溯到小南山文化遗址最早的玉器，那么，神玉时代已经历了大约七千年。

而传国玉玺历经了1157年后，据说毁于五代十国时期的后唐最后一帝李从珂的"玄武门自焚"。所以，后世无实物可考，只有若干史料的记载。

据统计，中国帝王时代从秦始皇的公元前221年到清朝末代皇帝溥仪退位的1912年，历时2133年，计有皇帝494位，共制代表王权的玉玺278方，可见，玉作为显赫与尊贵的代表长达两千多年。这些玉玺与镶在英国女王皇冠上的库里南1号和权杖上的库里南2号钻石相比，就代表王权而言，异曲同工；就数量，远超；就"美"，有过之而无不及。

不过，就在帝王们欲把玉锁在深宫里独享的时候，玉却不可阻挡地流出了宫外，从皇族、权贵，到富贾、名流，再到了殷实人家。就其原因，一方面是随着生产力的进步，人们活动范围日益扩大，玉矿来源也不断扩展，玉的种类和数量也日渐丰富，所以玉器能在一定程度上满足社会的需求。另一方面，玉自身的美和玉文化的美相互作用，相得益彰，对它们在整个社会的渗透及根植于整个民族的社会生活中，起到了巨大的、不可阻挡的作用。中国人爱玉、信玉、崇玉，终成习俗，民享民用的"民玉时代"，已在萌动之中。

不知何年何月，缓缓长流的玉河中发生了一件大事，这就是翡翠的出现，藏身于万里之外的西南异域蛮荒山林里的宝物，悄然来到了中原。这段历史和故事丰富而有趣，但重要的是，在数千年以和田玉为主的白玉文化中，流进了翡翠的绿玉文化，犹如一股甜美的清泉，在平静的西湖中掀起了美的竞秀。不过蹼蹼的是，翡翠似乎携带着某种神秘的使命，因为此时，恰好是帝王的宝玉开始走进民间的关键时刻。

20世纪80年代，中国实行了改革开放，各大、中城市珠宝店纷纷开张，受数千年玉文化熏陶的中国人，不管口袋里钱多钱少，都热情地追逐着美玉。真正的民玉时代到来了。而翡翠，不辱使命，不仅推波助澜，而且从21世纪初至今，终成主流领军之大器。

尽管大器已成，但翡翠必须植根于九千年玉文化的沃土之中，才可能保持蓬勃生机。从文化美的视角看，下面三个文化现象，应是翡翠之美取之不尽、用之不竭的源泉。

哲人论玉

中国多有哲人对玉各有高论，大都将玉的某些天然品质与人应具备的优秀品德相提并论，又称"玉德论"。如管子的九德论，孔子的十一德论，荀子的七德论，许慎的五德论等。他们把玉的声音清越，比作人的好名声或好言辞；把玉的光泽温润，比作人的性格要温和仁厚，把玉的里外一致，比作人的言行应表里如一……，虽各有侧重，但大同小异。其中，孔子的"十一德"眼高一筹，因为其他人都只着眼于肉眼可见的玉的品质，只有孔子还悟出了玉不可见的精神层面的特质。下面引文与他人雷同的已略去，不同的是，他说："……气如白虹，天也。精神贯于山川，地也。……天下莫不贵者，道也"。请注意，"气、天、神、地、道"从美学的观点看，与禅悟和道悟有异曲同工之妙，全在美感的意象世界里。

论述精辟，方成经典。对翡翠的审美，拘泥于肉眼可见的种水色是远远不够的，近年来，业内对"气场、眼缘、禅意、境界"这些说法，已有突破。而美学对当今爱翠人与翡翠可能形成的天、地、神、道的意象和意境，不仅有先导和催化之功，而且与两千多年前的先贤，甚至九千多年前爱玉的祖先，似乎都有一种幽远的神通。

文人写玉

中国文学史中，无论是神话、传说或者是纪实，无论是小说、散文、诗歌、戏剧或者是影视，以玉为题材的作品多不胜数，其中最为典型的是曹雪芹大名鼎鼎的文学巨著《红楼梦》。

不管红学家们从何种角度评论《红楼梦》，如果我们从"玉"的角度去欣赏就会发现，整个故事就是以玉的神奇前世为发端，以玉的美丽与人的美丽难分难解为依托，幻化出曲折跌宕的今生情节，最后，又以玉的神奇飘缈为来世而结束。

前世。女娲补天炼 36501 块五彩玉而留下了一块美玉，在大荒山无稽崖青埂峰下，灵性已通。而在警幻仙子灵河岸边的三生石旁，有一株仙草，名"绛珠"。玉见草"娇娜可爱"，便用甘露浇灌，日久成女，女深感怀此情，哭道：愿与玉同降人间，用一生眼泪报答。

今生。男、女主角名中都带"玉"。宝玉含玉而生，玉带"仙机"，正面是"通灵宝玉"及"莫失莫忘，仙寿恒昌"，背面是"一除邪祟""二疗冤疾""三知祸福"。黛玉之"黛"，是古时女子描眉用的墨青色，故为墨青色玉，自认是"草木之身"，实则用隐喻手法，以眼眉表现女子心灵，以便倾情描写。另一丽人宝钗，佩和尚送的金锁，正面有"不离不弃"，反面有"芳龄永继"，似与"通灵宝玉"对应。于是，"木石前盟"与"金玉良缘"缠裹着宝玉，宝玉初见黛玉就摔玉，两人情深时又摔玉，与姐妹们赋诗时却又写玉，而宝钗却适时常现，惹得两"玉"缕缕情丝凌乱。

在楼台亭阁、风花雪月之间，荣国府、宁国府数十人物，真事假语，真语假事，虚实难辨。实则人物众多，血肉可触，花容笑貌，栩栩如生，好一卷鬼斧神工的"石头实记"。虚则拟神似仙，癫狂无定，万籁缥缈，云来雾去，好一帘出神入化的"红楼梦境"。

及至那块通灵宝玉莫名丢失，大观园上下老少不得安宁，在宝钗借黛玉之名完婚之夜，黛玉香消玉殒，而宝玉则婚而无喜，晕乎木然。尔后在应试中举后失踪，其父幻觉，似见宝玉已随一僧一道飘然而去。

来世。太虚幻境中，一僧一道将那块"宝玉"安放在青埂峰下，绛珠仙草早已回到三生石旁，他与她又将演绎怎样的来生情缘，曹雪芹不答，最后居一红楼，自吟其间，便是留给后来的千万情种，自去作万千的遐想。

曹雪芹生活在清代康熙年间，彼时翡翠早已进入官宦人家，曹雪芹描写的那块"灿若明霞，五色花纹缠护"，"五彩、晶莹、鲜明"的美玉，虽然没有呼出"翡翠"二字，但这些美妙的文字，却似乎也只有翡翠可以当担，不过，从美学的角度看，这些描述是曹雪芹对玉的美感的意象，则是无疑的。

然而这些都不重要，重要的是，曹雪芹在浩瀚的历史文化中，不选他物，偏偏选中了玉，选择了以玉为其背书，从全书布局与书中细节看，显然是深思熟虑的，可见玉及其文化对中国社会巨大的影响力。当然，也只有玉的美丽及其丰富的内涵，才能与《红楼梦》高贵的美学价值相匹配，成就出这样一部流芳百世的巨著。

诗人咏玉

《诗经》是中国最早的诗集，始于西周，距今2500多年，其中出现了多首咏玉的诗，如《有女同车》，直接写玉，以映衬美丽的女子。

有女同车，颜如舜华。将翱将翔，佩玉琼琚。彼美孟姜，洵美且都。

有女同行，颜如舜英。将翱将翔，佩玉将将。彼美孟姜，德音不忘。

此后，历代涉玉的诗词连绵不绝。诗人们或对玉直咏，或把玉作为美的化身比喻而咏。"美玉美语，美语美玉"。美玉需要美语，美语才能描绘美玉。诗的语言是语言的精粹，古人用玉之语，对我们欣赏翡翠之美，有绝妙之用。现略摘十首诗词中用"玉"的佳句如下，只算浮光掠影。

兰陵美酒郁金香，玉碗盛来琥珀光。——唐·李白《客中行》

沧海月明珠有泪，蓝田日暖玉生烟。——唐·李商隐《锦瑟》

嘈嘈切切错杂弹，大珠小珠落玉盘。——唐·白居易《琵琶行》

洛阳亲友如相问，一片冰心在玉壶。——唐·王昌龄《芙蓉楼送辛渐》

碧玉妆成一树高，万条垂下绿丝绦。——唐·贺知章《咏柳》

掷地刘郎玉斗，挂帆西子扁舟。——宋·辛弃疾《破阵子·掷地刘郎玉斗》

红藕香残玉簟秋，轻解罗裳，独上兰舟。——宋·李清照《一剪梅》

玻璃春作江水清，紫玉箫如雏凤鸣。——宋·陆游《眉州郡》

雕栏玉砌应犹在，只是朱颜改。——五代·李煜《虞美人·春花秋月何时了》

玉器七千陈湛露，翠蛾三百舞灵风。——明·张泰《游仙词十七首》

六根相通与美玉标杆

我们知道，从解剖学看，人类对外界感知依靠五个器官，即五官：眼（视觉）、耳（听觉）、鼻（嗅觉）、舌（味觉）、皮（触觉）。

而佛教认为，人以"六根"感知外界"六尘"。《般若波罗蜜多心经》有经文说："无眼耳鼻舌身意，无色声香味触法"。其中，五根中的"身"即是"皮"，仍是触觉。但多了一根"意"，对应的尘是"法"。"意"的同义语应是意念、意想，但实物器官被释为大脑，至于"法"，在佛教中较为复杂，此处以禅宗的"觉悟"简单代替，也就是感觉和悟性。

帝王绿

中国民间受佛教影响，认为人们感知外在世界不是五个而是六个器官，通称"六根"：眼（视觉）、耳（听觉）、鼻（嗅觉）、舌（味觉）、皮（触觉）、心（悟觉）。将佛教的"意"改为"心"，功能为"悟觉"。这里的"心"并不是解剖学上的心脏，而是整个神经系统的心理反应。这个"心"与大众用语"用心想想""心想事成""心情很好"等的"心"等同，通俗易懂，因而被广泛使用，并衍生出"六根清静""六根相通"等相关用语。其中，"六根相通"的现象在翡翠的美感和审美中较为常见。

例如，翡翠的帝王绿，即那种色正，饱和度和明艳度很好，看上去很艳丽、很抢眼、很"盯"眼的绿色，行话就说"色辣"。"辣"是味觉，怎么用来表达视觉呢？而且表达出来的感觉更为真切、更为生动呢？这是因为，两种器官、两种刺激在心理上引起的感觉和情感相同的缘故，甚至后者比前者更为强烈，所以人们更乐于用后者表达前者。简言之，就是不同刺激在心里融通了。这就是民间的"六根相通"。

甜甜色

又如，翡翠的绿色、翡色、紫色和蓝色，会出现偏阳、但还不够浓艳又不是很淡的色调，有一种甜蜜的感觉，常被昵称为"甜甜"色，视觉又被味觉表达，也属"六根相通"。

再如，翡翠的抛光有亮光和亚光两种，"亮光"和"亚光"是视觉的描述。但行话说种老的亮光坚硬有"刚"性，起"刚"光，而亚光粗糙，有"柔"性，"质感"强，适合表现皮肤、毛发等。其实，软硬、刚柔、滑糙都是皮肤的触觉。于是，"六根相通"，触觉代替了视觉。

准确地说，六根的前五根及其知觉，都较明确且较简单，是美学里的初级直觉。但第六根"心"，就器官而言应该是大脑与整个神经系统，就范畴而言是精神层面的心理活动，这就非常复杂了，我们没有必要讨论。我们在翡翠的审美中应该知道的是，心觉归为情感，心悟融合美感；情感全在心灵，综合感知万物；六根感受相通，万物之美归一，一即"心"也。

王国清作品

亮光与亚光

　　"六根相通"是中国民间带有神秘色彩的审美感知，是一种很接地气的独特的民俗文化，在翡翠审美中已有应用。但按民间的说法，要想六根相通，是要"修行"的，修得正果，方能相通。其实没有那么神秘，只要稍加说明，多加领悟，便可掌握。在此基础上扩展，进入意象世界，便能为翡翠审美打开广阔的天地。

　　中国文化中另一个独特现象，是"美玉标杆"。即世间众多事物，只要美，而且一般美还不行，要很美，而且很多时候很美也不行，还要高贵，都具备了，才可以向"玉"看齐，有"玉"的资格，受到赞美，尊崇他如玉、像玉、似玉、是玉，成其一员。于是，玉不再是"石之美者，玉也"，不再是美丽的石头，而具备了精神层面的内涵，成了万千事物美丽和高贵的一种标志，堪称"美玉标杆"。

　　尤其"宁为玉碎不为瓦全"的信条，是中华文化大家庭各种子文化中绝无仅有的，以致很多学者认为，玉文化代表了一个民族的脊梁，高高矗立在民族文化的群峰之巅。

　　从古到今的很多哲学家和美学家并不懂玉的科学知识，但丝毫不影响他们对玉的审美，比如，中国现代美学大师宗白华在他的《美学散步》中赞赏道"一切艺术的美，以至于人格的美，都趋向于玉的美：内部有光泽，但是含蓄的光彩，这种光彩是极绚烂又极平淡"。

　　我们无需考证宗白华审的是何种玉石之美，正如无需考证曹雪芹审美的那块"通灵宝玉"是何种玉石一样，因为，我们已经知道，审美时不会考虑审美对象是什么材料，引起美感的是审美对象的线条、形状、色彩、声响等条件和形式。宗先生把玉的光泽审美分为两个极致：绚烂与平淡。认为一切艺术的美乃至人格的美，都应该趋向于这两者的结合，这里有两层深意：一层是囊括"一切艺术"和"人格"的美，可称大美，若扩展可以无限；另一层是"绚烂"和"平淡"，绚烂，五彩闪耀，平淡，淡而无奇，这是色彩上的张扬和形态上的恬静，似有矛盾，却又共存，若深究，理趣可以无穷。于是，他总的情感是"含蓄"。这才是真大师，一位中国顶级美学家对"玉"审美的"情路历程"，这是翡翠审美的一颗启明星，一个静静的美丽港湾。

美玉标杆的树立，吸引了天下万千美事。千万美事的审美表达，汇集成了《山海经》神话中西王母的"群玉山"，就是李白诗"若非群玉山头见"中的借喻的群玉山。当然，把千万美事意象为千万条涓涓细流，汇集成"美玉海洋"也未尝不可，而且是"深深的海洋"。

试看，从个人好的品德要像玉，叫"玉德"，到社会好的法规信条要像玉，叫"金科玉律"，从形容俊男"玉树临风"到美女"亭亭玉立"，从小如"玉米"到大如"玉宇"，从长如"玉河"到宽如"玉海"，从"金口玉言"的好话到"玉音悠扬"的好歌，还有玉颜、玉肌、玉指，玉龙、玉兔、玉龟……，更有"玉不琢不成器""艰难困苦玉汝于成"……不胜枚举。关于玉的词汇和成语，如果上网搜，可搜数百条，如果以玉做文学创作进行搜索，则无以数计，无边无际。

世界各民族各有自己喜爱和崇拜的信物，这是人类社会的普遍现象。但是，像中华民族这样，在社会生活的方方面面对玉的指向如此集中，所形成的历史如此悠久，所汇集的内涵如此深厚的，却十分罕见。

"美玉海洋"是翡翠审美不尽的源泉，"群玉山"则是宝藏丰饶的仙山。可以说，在审美表达的素材和语汇上，它们取之不竭、用之不尽。当然，你得熟悉它们，得下功夫，只要功夫深，信手捻来便成真。

美的历程：中外名人金句

天地有大美而不言，四时有明法而不议，万物有成理而不说。圣人者，原天地之美而达万物之理。

——先秦·庄子

用言辞、声音、线条和色彩把一般自然生活的理念描写出来，再现出来，这就是艺术的唯一的永恒的主题。

——俄国·别林斯基

没有什么是美的，只有人是美的，在这一简单的真理上建立了全部美学，它是美学的第一真理。

——德国·尼采

一切美都寓于知觉或想象中。

——英国·鲍桑葵

任何东西，凡是显示出生活或使我们想起生活的，那就是美的。

——俄国·车尔尼雪夫斯基

有我之境，以我观物，
故物我皆著我之色彩。
无我之境，以物观物，
故不知何者为我，
何者为物。

——晚清明初·王国维

声转于吻，玲玲如振玉；
辞靡于耳，累累如贯珠矣。

——南朝·刘勰

审美活动不是物的反映，
而是心的创造；
艺术创作不是现实的复制，
而是灵感的表现。

——当代·高尔泰

漫步四
翡翠呼唤艺术

六根感受相通

万物之美归一

　　知道了美学的基本原理，浏览了玉文化的历史特色，再来看看迄今行业内外对翡翠美的认知和描述，真的是，太浅，太薄了。所以，翡翠呼唤艺术。

　　为什么呼唤艺术呢？艺术可以改变这种现状吗？先让我们来看看什么是艺术。

什么是艺术

我们常见被称为"艺术"的有文学艺术、绘画艺术、音乐艺术、舞蹈艺术、戏曲艺术、影视艺术、摄影艺术、人体艺术、行为艺术、雕塑艺术、建筑艺术、民间艺术……在这些领域里，有造诣较高者，被誉为艺术家；有理论又能评述者，被称为艺术鉴赏家或评论家。

所有的艺术家都必须创作出自己的作品，被社会公认才可能被认知，并判断你是哪个等级的艺术家。每个艺术门类都有本门类的作品，它们以一定的形式表现出来。如文学类有小说、散文、诗歌、民谣等，绘画类有水墨画、油画、版画、漫画等，音乐有作词、作曲、歌唱、演奏……可见，艺术作品是实在的，是一个个看得见，听得到、摸得着的实体。

那么，艺术家是怎样创作出所有这些不同形式的作品呢？如漫步二述，艺术家是通过自己的情思，用自己拥有的表现形式，把审美所形成的内在的真实意象进行整理、加工、创造，最后表达出来，成为各种门类的艺术作品。

可见，艺术是一种表达情感的技术和技巧。只不过，人类的情感是由精神和心理双重活动融合而成的极为复杂的"东西"，要表达复杂则其技巧也极为复杂。当然，要简单表达也很简单，说"漂亮"就行，可惜，这就不是艺术了。

艺术确实非常复杂，要掌握十分困难。但它又是如此地诱人，不知有多少人痴迷它，追求它，想成为一名艺术家。殊不知，此技术非驾驶那类物理的彼技术，更不知有多少人折戟沉沙，人们甚至无奈地感叹有无"艺术细胞"和是否"艺术天才"。否则，开办艺术学院和挑选艺术人才做什么呢！

所以，艺术是艺术家审美形成的情感世界和意象世界进行高级表达的活动。完成这个活动的四要素包括：艺术家、审美对象、艺术技巧、艺术作品。

中国现代美学大师宗白华在《何处寻美》中说道："艺术是什么？艺术是依赖于人的思想或者是情感而诞生的具体事物形象。从本质上来讲，艺术是一种技术，古代艺术家本就是技术家。"

如此看来，艺术是一门技术，技术可以学习，并不神秘。那么，我们可以来看看与翡翠审美相关的艺术的三个特质，这也是翡翠呼唤艺术的原因。

艺术美与自然美

艺术作品又称艺术品，艺术品既是艺术家对原客体美的传达，同时又形成作品自身形式的美，例如，水墨画这种艺术形式的美、诗这种艺术形式的美、舞蹈这种艺术形式的美，等等，被统称为"艺术美"，也成了审美的对象。

你会发现，人们更愿意去欣赏艺术美。因为艺术美摈弃了自然客体的不宜之处，凝固了最美的瞬间，比自然美更集中、更鲜明、更自由、更具意蕴，是永恒的美。

例如，摄影艺术，我们看到的翡翠鸟捕鱼和小松鼠举手，神态可爱，构图协调，给人很强的美感，但自然中翠鸟飞翔、松鼠溜树的场景，似乎司空见惯，混同于一般的视觉感受。但是摄影师以他审美的眼光，用他的技术和工具把最美的一个瞬间凝固下来，成为艺术美，便可传达给更多的人并成为永恒的美。

翡翠在还是毛料没有加工之前，说美是还美的，但那是朴素的自然美。经过人们数十道的精心加工环节，变成一件艺术品，把它最美的面貌展现出来，便成了一种特殊的艺术美，其美可以摄人心魂。

45

人们通过"永恒的美"所产生的情感，比通过"原生态"自然美产生的更强烈、更震撼、更深刻、更愉悦。"磁场"巨大，长久地吸引着人们，因而艺术美更具感染力和传达力，是高层次的美。

两百多年前，德国哲学家黑格尔在《美学》中写道："我们可以肯定地说，艺术美高于自然美，因为艺术美是由心灵产生和再生的，心灵和它的产品比自然和它的现象高多少，艺术美也就比自然美高多少。"

正是：心灵有多美，翡翠有多美！

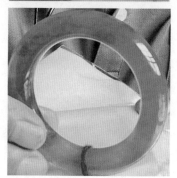

情感的传达

艺术品可以让更多的人体验到相同的情感和美感，产生共鸣，这就是情感的传达。情感的传达具有普遍性，它是由情感的共通性决定的，无论喜悦或痛苦，通过传达，喜悦得到加强，痛苦得以缓解。而且情感越强烈就越必须传达，这是人类的天性。

哲学是理性的最高形式，艺术是感性的最高形式。如果说哲学是以理服人，那么艺术则是以情动人。艺术作品强烈而真挚的情感，可以在人的内心深处引起强烈的震撼，这种震撼可以在潜移默化中影响欣赏者的情感倾向乃至价值倾向。常常是以情动人比以理服人的力量更为强大。民间不是常说"道理说不来，

就打感情牌"吗？其原因即在于此。

当然，审美情感不是普通的情感，而是伴随着欣赏者对艺术品的审美认识和理解而产生的，理解越深刻，美感越强烈。所以，对艺术品的分析和引导十分重要，尤其是某些艺术作品专业性较强时，如某幅名画、某部诗歌、某部交响乐、包括当翡翠成为艺术品时，这种分析和引导作用重大，更不可缺失。

西汉《诗经》总序《诗大序》有言："情动于中而形于言，言之不足故嗟叹之，嗟叹之不足故永歌之，永歌之不足，不知手之舞之足之蹈之也。"

正是：语言传达思想，艺术传达情感！

永久的渴望

"艺术作品是人类永久的渴望"这一命题很容易说明。因为，既然美感是人性的重要证明，换句话说，就是"美感是人的本能"，人的本能当然永远伴随着人，所以，与"美感"不可分割的"审美"及其产物"艺术"，也将永远伴随着人。只是，艺术作为表达情感的技术很难掌握，其作品很不容易产生，尤其是适合自己审美情趣的作品更难一求，所以人们就"眼巴巴"地仰望着艺术家们。人们对翡翠美的艺术渴望，难道不更是如此吗！

为什么是"渴望"呢？因为艺术是情感传达的最佳形式，最佳形式能极大满足人类最高层级的心理需求，使人类得到精神愉悦的终极享受。艺术如甘露，人类绝不愿生活在精神愉悦枯竭的沙漠里，缺艺术苦于缺水，渴艺术犹如渴水。

印尼、法国、南非、西班牙等地距今数万年前的岩洞壁画，是最早的原始艺术，此后至今，

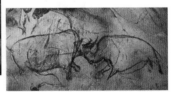

法国肖维岩洞壁画距今 3.6 万年

47

艺术与人类如影随形而从未分离，未来亦然如此，可见其"永久"。

随着人类文明的发展，欣赏者总是求新、求异、求变，艺术家必须不断创新以求适应。尤其当今互联网时代，新形式新内容，新视角新领域，高明的艺术家还须引领欣赏者，创造时尚新潮流，不断把艺术导向新的境界。翡翠的审美正如饥似渴等待着！

黑格尔说："艺术的普遍而绝对的需要是由于人是一种能思考的意识。"

正是：云遮雾罩千万时，一朝惊艳终有日。

如果说，前面我们作了审美和文化的相关准备，那么现在，终于可以来看看我们的审美对象有哪些特征了。

翡翠的外在美

翡翠的外在美是指在顺光条件下看到的美。所谓"顺光"是行话，是指人的眼睛顺（沿）着光照的方向看过去，此时，人和光源在一方，翡翠在另一方。人们在绝大多数情况下都是顺光观察所有外部世界，包括翡翠。

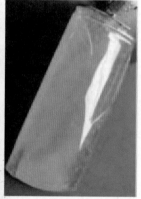

顺光看

在顺光条件下，翡翠的种质、水头、颜色对光线的强弱和种类非常敏感，光的强弱和种类不同，种水色的现象也不同，所以我们必须先介绍正确的用光。

须知，会用光的，展示美丽；不会用光的，糟蹋美丽。进一步说，会用光的，看到真美丽，不会用光的，看到假美丽。

观察翡翠用的光有两种，即太阳光和电筒光（包括灯光）。可惜很多人并不知道怎样用光。

最适合的光线

柔和的、不强烈但也不能太弱的阳光，是最适合的光。在柔和的阳光下，我们看到的种水色，是翡翠最真实的种水色，也是翡翠最真实的美。

下面的情况，阳光将很柔和：

早晨，但不能太早，太早了光线弱。

傍晚，但不能太晚，太晚了光线也弱。

有云层遮住阳光时，散射的阳光很不错。

早晨

傍晚

室内和室外阳光的阴影

云遮日

49

中午阳光的阴影下，相当于阳光的散射光。

就这四种情况，是翡翠美好的时光。

那么，还有正午前后约两三个小时，没有遮拦而直射的阳光呢？那不行。

在这种强烈阳光的直射下，翡翠的六大色系，即绿色系、红—黄色系、紫色系、蓝色系、黑色系、白色系中，前四大色系都会减弱变淡，行话叫"见光死"，直接糟蹋了美丽。

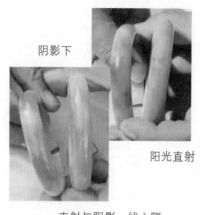

阴影下

阳光直射

直射与阴影一线之隔

如左图，两图是相同的两支白底青手镯，地点（经纬度）：山西长治，时间：中午两点半，在阳光直射和房屋阴影一线之隔的两边拍摄，"见光死"立马可见，很容易分辨。可见，阳光的强弱很重要。

紫色的翡翠"见光死"更明显，在柔和阳光下，糯冰以上种水，从红春到蓝春全系列紫色，浓艳美丽，但如果移到直射阳光或电筒光下，立马变淡，淡而无味。

第二个问题，为什么要用阳光。答案很简单，因为阳光是由红橙黄绿青蓝

柔和阳光

紫色见光死

紫七种单色光组成的，七色俱全且自然分布，那么，翡翠自然的、丰富的色彩才会被自然地、丰富地表现出来。所以色彩才会真实，美也才会真实。

但是，电筒光就不同了。市场上的电筒光有白光、黄光和紫光三种。紫光是单色光，用于鉴别人民币真假，与翡翠鉴别没有关系，有人说，紫光可以照

注意距离

翡翠的真假，这是错误的；黄光也是单色光，会使翡翠所有色系增加黄味而更显美感，让人高看，但这是假美，且会减弱水头，行话叫"增色减水"，行家都不用；白光由 LED 灯作光源，也由七色组成，所以常用，但七种单色光的强度组成与阳光不同，会让人感觉翡翠水灵，让人高看，也是假美，且同样会减弱颜色，行话叫"增水减色"。所以须注意电筒与翡翠的距离适当，控制光的强弱来呈现真实效果。严格讲，色温为 4500K 的白光较为接近阳光，珠宝店照明常用。

其他环境的干扰我们就不作详细介绍。总而言之，上述四种情况的柔和阳光是欣赏翡翠的最佳光线，适当强度和适当色温的 LED 白光电筒和 LED 白光珠宝灯也可以欣赏。

其实在市场上，买卖双方都懂得"美"是翡翠的"硬核"。于是有的直播间和实体店的灯光配置，又加水又添色，"涂脂抹粉"，硬把"东施"变"西施"，结果在消费者那里，"西施"很老实，七天之内变"东施"。于是，退货率、流量、人工费、直播间信誉、性价比、进货价、出货价等各种问题，常给翡翠经营者带来巨大压力，不容易啊。

种水色光

还是回到我们的外在美吧。翡翠拥有哪些条件，能让它艳压群芳、名闻遐迩、众星捧月成为"网红大V"；能让我们忍不住停下脚，静下心，仔细打量、尽情欣赏。请看《品玉歌》。

> 种水色底工光瑕，闲品翡翠慢品茶；
> 几许灵馨谈风月，一抹水色说芳华。

诗中要品翡翠的六个字，是从笔者对翡翠品质评估的"十字要诀"中借鉴来的：种、水、色、底、工、光、裂、癣、棉、脏。其中，种是所有物象的基础，必品；水和色是抢先进入眼帘的视觉刺激，必品；底和光有些隐蔽，附在水色之中，需要点拨，自然可见；工是雕刻件的专属，另品；而缺点的四个字以"瑕"代之，并非常见，且常反转，若有再说。所以，作为审美对象，种、水、色三字足矣！而且，就这三字，我们也不作严谨的科学解释，只作些家族成员式的介绍，名字与人对号，便于审美叙事。

先看种。"种"是指翡翠的质地，行业公认有五大类：玻璃种、冰种、糯种、豆种、瓷种，比瓷种还粗的，大家约好了，不给种的名分，如有人叫的马牙种、狗屎种之类，实在找不到美感，都叫普通种。种又叫种质，看看这些种或种质的名称，就知道代表着质地的外貌特征。须知，距今500年左右的明朝中后期，马帮走过那些蛮荒之地，赶马的大哥们体格强悍能翻越千山万水，可万万没想过什么地质学、矿物学，所以他们发现了美玉也只会"以貌取人"，比喻性地取些名字进行交流，最终说成了行话。当然，无意中也进行了分类。

但是，审美也有历史的局限性，知道"环肥燕瘦"吧，所以"以貌取人"也得遵循久经考验的"永留传"，不适时宜的便被打在"沙滩上"。如今有人哗啦哗啦说出些"馊锅巴热冷饭"的名字来，说种有三十多种，吓人了；照此逻辑，加上这几年直播间外行主播们稀里糊涂叫的那些莫名其妙的名字，上百种了，更吓人了，千万不可！别以为行话就可以乱说，必须是行业里大家都理解，

都听得懂，都广泛使用的专用语。只是你说或者你几个人的小圈子说说，太"土"，"土掉渣"，不入行，没用。

那么，种质到底有多少？其实用玻、冰、糯、豆、瓷，再加上它们之间的过渡种就可以了！

下面我们按从好到差的顺序介绍。每一类种质还可以细分，也从好到差排序。所谓好到差，从矿物学上说，就是组成翡翠的无数颗小晶粒从细到粗，从美学上说，就是从很美到一般美，从价位上说，就是从很贵到很便宜。

第一：玻璃种。看上去像块玻璃的，就叫玻璃种。

玻璃种可细分为三类：龙种、玻璃种、冰玻种。光泽从亚金刚光泽到玻璃光泽。

起荧光的玻璃种叫龙种。龙种无荧光处透明。龙种的荧光有朦朦胧胧的美，而且位置会随着光源、翡翠、眼睛三者的位置变化而变化，平添些许神秘。这不仅是玻璃种中最好的种，也是所有种质中最好的种，属于顶级。因为，要出现荧光，成矿条件十分苛刻（详见《翡翠入行的那些事》），非常稀少，

龙种

极为难得，这算"天工"；而到师傅手上琢磨时，在曲面和抛光上又要精心施治，这算人工，天工与人工合二为一，且非难上加难？故以"人中龙凤"难得之意而得"龙"名，也有"成龙上天，成虫钻地"的天壤之别之意，明喻其已经成龙在天！

可不曾想，好端端叫了几百年的一个美名，不知被哪位主播"小姐姐"硬生生从天上拉到地下，埋回土里，叫了个"龙石种"，等于叫"龙虫种"！老祖宗的"石之美者，玉也"也不管了，回到"石玉不分"的旧石器时代，从字义上切断了"龙"高大上的愉悦感受，活生生糟蹋了美丽！

玻璃种

没有荧光的玻璃种就叫玻璃种，透明。其中，"种老"看上去感觉很坚硬的，叫"起刚光"，稍带蓝色的叫"起蓝刚"。刚光和蓝刚是近几年兴起的说法，"刚"给人以致密坚硬的感觉，因形象、贴切、易理解，所以流传为行话。

不是很透明，有点雾的感觉，已经向冰种过渡的玻璃种叫冰玻种，此名常被颠倒，错称为"玻冰种"。

在美学中，如果我们把非意境构造、仅只是直接的、直白的词汇赞美划为初级审美表达的话，那么玻璃种的行话描述中，几乎没有一丝美的味道。然而，玻璃种清亮、朦胧和神奇的三种美感特征，加上难得的稀缺性，至少这四个亮点，即使是最初级的审美表达，我们

钢光、蓝钢

还是可以找

冰玻种

到很多契合的赞美语，如：

清澈透亮、清澄见底、朦朦胧胧、月色朦胧、朦胧唯美、天造奇物、修成正果、得道成仙、万里挑一、人中龙凤、天人合一、若明若暗、若隐若现、若有若无、神秘莫测、变幻无穷……

第二：冰种。看上去像块冰的就叫冰种。

冰种也细分为三类：高冰种、正冰种、糯冰种。光泽属玻璃光泽、亚玻璃光泽。

高冰种

透亮部分像玻璃种，但有明显的冰渣，亚透明，叫高冰种。高冰种与冰玻种相连，但归属于冰种，其档次略低于冰玻种。

冰渣细而密，且均匀分布，微透明，叫正冰种。

仍有冰的感觉，但已经接近糯种，不透明但边缘部分和较薄部分微透明，

叫糯冰种。注意不叫"冰糯种"，与"冰玻种"的叫法类似。

冰种的美感紧扣一个"冰"字，冰雪世界给人们另一个美的无限空间。中国传统文化中直接的比喻性赞美词汇多不胜数，如：冰清玉洁、玉

高冰种

壶冰心、冰雪世界、冰肌玉肤、冰清玉骨、冰雪聪明、傲霜斗雪、冰魂雪魄、琼枝玉树、冰壶秋月、玉清冰洁、冰清玉润、镂玉裁冰……

糯冰种

第三：糯种。像糯米糕或很稠的米汤的叫糯种，糯种一般不透明。部分微透明有"冰"的感觉的，叫"冰糯种"，常被提升一个档次。

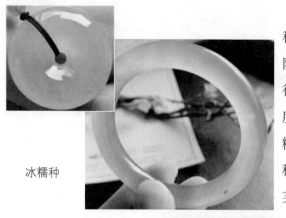

冰糯种

由于糯种处于有颗粒感的豆种和无颗粒感的冰种之间过渡的阶段，所以常使用"糯化"这一行话。传统的细分主要看糯化程度，糯化一般的像藕的叫藕种，糯化得很细腻像玛瑙的叫玛瑙种；整件带有淡淡的粉紫色的像芙蓉花的，叫芙蓉种。

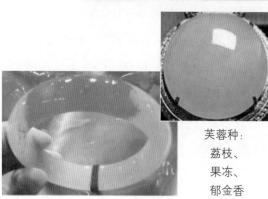

芙蓉种：
荔枝、
果冻、
郁金香

糯种在翡翠总量中占比很大，较常见，且常整体带各种色彩，所以主播们发明出了很多名称，如荔枝、果冻、牛奶、郁金香，都是现代生活常见物，直呼其名不加"种"字，比藕和玛瑙美感更强，更有时代感，叫的人多了，便也成了种的行话，应加以赞许。

玛瑙种：
荔枝、
果冻、
郁金香

用审美的态度欣赏，糯种的质感和光泽给人以温润的感觉，中国传统主流玉种和田玉的美感，就是围着"温润"打转，糯种与其高度吻合。孔子、管子、荀子、许慎等先哲们对玉鉴赏后都说："温润而泽，仁也"。从古代到现代，延续了两千多年，感觉为什么会相同呢？而且，温润是触觉的感受，

怎么会由视觉"看"到呢？难道我们都是聪明人吗？也许是吧，文化熏陶与传承，视觉与触觉相通，便自然而然就聪明了。

藕种

牛奶、荔枝、果冻

不仅此一例，糯种的各种色泽，常是整体的而不是散花状的，而且常显出明艳与可爱，传统行业比喻中有"芙蓉花"算是有美感了。近年来，主播们争奇斗艳，亲昵地叫出了"甜甜色"。同一文化熏陶下的又一视觉与味觉相通，功夫深到家了。

糯种的审美天地广阔，传统文化中的美语更多，如：珠圆玉润、温润如玉、玉润冰清、柔和顺畅、柔情似水、润泽万物、温情蜜意、贤惠善良、温润仁泽、温文尔雅、柔媚娇俏、温柔敦厚、轻言细语……

甜甜色

　　第四：豆种。有明显的颗粒感且整件豆绿色的叫豆种。豆种只细分为三类：颗粒细的叫细豆，颗粒粗的叫粗豆。细豆粗豆都不透明，其审美尽在难得的绿色。另有一种虽有颗粒感但却半透明，叫冰豆，较为少见，美感十足，可归为冰种的审美。

细豆种

粗豆种

冰豆种

第五：瓷种。看上去像白瓷片的叫瓷种。普通瓷种与豆种一样不透明，但无明显颗粒感，光泽如瓷，比豆种强。瓷种的审美以"洁白"为主题，在传统文化中直接的赞美语也很多，如：

瓷种

洁白如玉，洁白无瑕、白玉无瑕、白璧无瑕、冰清玉洁、白玉微瑕、粉雕玉琢、玉白花红、月白风清、洁白如雪……

瓷种中，白色质地上有片状绿色的，是翡翠中很有名气的"白底青种"。白底青从不透明到微透明，其绿色无论浓淡，都很明艳，飘在白色衬底上格外美丽，十分抢眼。不仅很惹现代人喜爱，连四百多年前明代大旅行家徐霞客也爱不释手。他在《徐霞客游记》中说：腾冲当地玉商潘一桂送他两块翡翠玉石，告诉他"纯翠"那块好，白底上有翠的这块（白底青）是"搪抵上司取索"用的，他却不要纯翠"反喜"白底青，"故取之"。

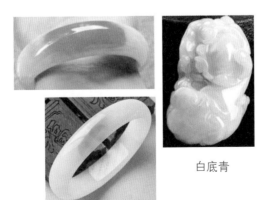

白底青

59

　　不是他买不起，人家潘一桂是"无功利目的"地喜欢他送他的啊。可见，是他的审美眼光，和我们现在钱还不够买不起"纯翠"的人，审美有"代沟"。

　　数一数上面的种，十四个，已经包括了市场上的了绝大部分成品，足够审美了。

　　现在看"水"。水是翡翠特有的、以透明度为前提的、综合的光学感觉，水也可以叫"水头"。

　　要强调的是，很多人都认为水就是透明度，错！水绝不是透明度。为什么？如果水是透明度的话，那么钻石透不透？玻璃透不透？钻石和玻璃都比翡翠透，但有谁会说"那颗钻水汪汪的""那片玻璃水灵灵的"？回答显然是没有。所以水不是透明度，透明度只是有水的前提，透就有水，不透就没水。切不可因此把"水"搞混了，搞混了会影响我们对"水"的体验。

　　那么，水是怎么形成的呢？我们也不必深究，因为那是光学求真的问题。我们漫步美学，是要去寻找那种综合的"光"感和"观"感，是要在翡翠这种固体的静态中，"看"出液体流淌的动态，甚至"听"到小溪欢快的歌唱。这种审美，要求视觉自身有"动"与"静"的转换，而且还要有与听觉融通的悟性。这些都需要在心性和情感的灵悟中完成，它触摸不到似以为虚空，却又感悟存在是以为真实，有点像禅宗的"悟空"。大凡懂得悟空也会悟空的人，本领都很高强，不然吴承恩又怎会把他神通广大的"宝宝"叫"悟空"呢？

　　果然行业中大家都是高手，复杂的事简单办。水只分有水和无水。若有水，再分为好、一般、差。到底有多好有多差？细节奥妙留给观众，各人自去体验。

　　水好的：行话就说"有水、水（头）好、水（头）足、水（头）长"。

　　水一般的：行话就说"水（头）一般"。

　　水差的：行话就说"水（头）差、水（头）短"。

　　无水的：没水头、水干。

　　行话常把种和水连说为"种水"，是因为，种是物质基础，水是心理感觉，基础决定感觉，有其种才有其水，因果关系。所以水是可以叠加到种上而连说"种水"的，但不可等同，只是简单明了和实用。

与种水密切相关的，还有光泽。眼睛对物体表面反射光的感觉就是光泽。国家标准中，对所有珠宝玉石光泽的描述共有九种：金刚光泽、亚金刚光泽、玻璃光泽、亚玻璃光泽、油脂光泽、蜡状光泽、树脂光泽、丝绢光泽、珍珠光泽。其中，宝石比较单纯，一种宝石一两种光泽；玉石相对较多，一种玉石不超过三四种光泽。如钻石有两种，金刚和亚金刚光泽；珍珠有一种，珍珠光泽；和田玉有三种，油脂、蜡状、树脂光泽。而翡翠表现最为丰富，掐头去尾，从亚金刚直到丝绢光泽，都有，共七种。

可惜，翡翠行话中对光泽的涉足却少得可怜，只有近些年来对玻璃种和冰种中部份"种老"的成品，作了"刚光"和"蓝刚"的描述，勉强算是一种审美的赞誉。其他的只是在加工中讲某块料抛光后，"起光好"还是"起光不好"。另外，就是整个行业都把抛光称为"出水"，这当然没错，但注重了水头却忽略了光泽。

对于翡翠审美来说，不能不说这是一个重大的缺憾。例如，数量庞大的糯种，除冰糯可以说"有水"外，其他水头都短。但带色的糯种大多都十分美丽，满色且明艳的糯种甚至出现珍稀的丝绢光泽，靠什么？不靠水头，靠温润的光泽。其实很多玉种都没有水头，对它们的审美，光泽就十分重要。如前述，从先哲孔子到现代美学大师宗白华，他们并不懂玉的种类，更不懂某种玉的细节，他们对玉的美感体验，首在光泽！

和田玉的温润光泽

翡翠的玻璃种和冰种，由于长年的引导，人们习惯于"见水不见光"，白白损失了一大块宝贵的审美资源！那么，怎么才能"见水又见光"呢？此处抛一小招，"表

翡翠的丝绢光泽

光里水"法：我们看一件玻璃种或冰种的成品，用心，把目光聚焦在成品的表面，对通透的内部视而不见，此时感受到的就是表面的光泽；反之，把目光聚焦在通透的内部，对表面视而不见，此时感觉到的就是内部的水头。招数虽小，但还是需要经验的积累。

从审美的角度看，我们主要是感觉翡翠光泽的强烈、微弱、明亮、暗淡、阳刚、柔和、冰冷、温润，闪灼、平静，等等，以便相应意象的扩展。对应的规律是，油状光泽居中，玻璃光泽、金刚光泽渐强；蜡状光泽、树脂光泽渐弱；丝绢光泽和珍珠光泽特殊。可见，种也是决定光泽的基础，种与水和光有着天定的联系，见下表。

种 水 光 综 合 表

玻璃种：龙种（亚金刚光泽、透明，水好）

　　　　玻璃种（玻璃光泽、透明，水足）

　　　　冰玻种（玻璃光泽、透明，水长）

冰　种：高冰种（亚玻璃光泽、亚透明，水好）

　　　　正冰种（亚玻璃光泽、亚透明，水一般）

　　　　糯冰种（亚玻璃光泽、半透明，有水）

糯　种：芙蓉种（丝绢光泽、半透明，有水）

　　　　玛瑙种（油脂光泽、微透明，水短）

　　　　藕种（油脂光泽、微透明，水短）

豆　种：冰豆种（亚玻璃光泽、半透明、有水）

　　　　细豆种（蜡状光泽、微透明，有点水）

　　　　粗豆种（蜡状光泽、不透明，水差）

瓷　种：白底青种（亚玻璃光泽到树脂光泽、微透明到不透明，水一般到无水）

　　　　白瓷种（树脂光泽、不透明，水干、无水）

现在可以说"色"了。因为色根植于种水光之中，种水光直接决定着色的命运，所以，种水光搞清了，才来看"色"。色是翡翠审美的硬核，我们有必要作一些深入的认知，以提供审美联想的素材，拓展审美意境的空间，提高审美水平的层次。

我们已经知道翡翠有六大色系，为什么用"系列"来描述？因为颜色给人眼视觉刺激的"三要素"色调（种类）、色饱和度（浓淡）、色明艳度（鲜暗），都是渐变的，没有明显的界线，所以用"系列"能最准确地描述。而这种系列渐变，与水流、风流、云流等"流"的渐变同构，是引发心理动感的根本原因。

有人说，自然界有的颜色翡翠几乎都有。是吗？是的。要证明这一结论并非难事。

美丽的彩虹谁都见过，而且谁都知道那是太阳光被分解后真实的面目。够美吧？当然美，美到人人都会驻足举目。

我们把彩虹"摘"下来，整理一下变成光谱，把翡翠的各大色系拿来仔细对比，发现翡翠的六大色系中的四大色系，几乎把七彩的阳光占尽！正是七彩的阳光普照大地，万物才如此绚丽，翡翠也才如此绚丽！

紫色系列　蓝色系列　　　　　绿色系列　　　　　　　红—黄色系列

下面是各色系的色调基本变化情况以及对应的行话，可以给我们审美表达提供贴切的细节素材。对比色调变化偏向在光谱中的位置，对审美意象的形成大有帮助。标样美图将在后续"艺术表达"中一并展示。除绿色按行规为首外，其他色系"萝卜青菜，各有所爱"，"万紫千红，情有独钟"，审美情趣千差万别，所以排名不分先后。

绿色系列：两种偏向，偏黄偏蓝

偏黄，说"有黄味"，含黄秧绿、苹果绿、翠绿、豆绿、网红语"甜"

偏蓝，说"有蓝味"，含瓜皮绿、韭菜绿、菠菜绿

不偏黄不偏蓝，说"正翠"，含正绿、帝王绿、祖母绿

紫色系列：紫色又叫"春色"，也叫"紫罗兰色"，也有两种偏向，偏红、偏蓝

偏红，叫"红春"

偏蓝，叫"蓝春"

不偏红不偏蓝，叫"紫春"；三种春色偏淡时，都叫"淡春"

红—黄色系列：又叫翡色，也是两种偏向，偏红、偏黄，中间应是橙色，但
行业不用

偏红，叫"红翡"

偏黄，叫"黄翡"

蓝色系列：两种偏向，偏绿，偏灰暗黑

偏绿，叫"水草花"，整件带色叫绿水、绿晴

偏灰、暗、黑，叫"油青"，含冰油

不偏绿不偏暗，叫"蓝花"，整件带色叫蓝晴、蓝水；网红名海蓝、
湖蓝、冰川蓝、星空蓝、扎染蓝、青花瓷蓝，等

黑色系列：一个变化两个品种，两种形状一个反转

墨翠，全黑，透射光下呈墨绿色，另一种美，精雕

墨玉，全黑，不透光，乌鸡种

癣（瑕），点片团状黑，反转乌鸡花或巧雕等

白色系列：两种形状一个反转

白瓷与白底青，全白

棉（瑕），点片絮状白，反转冰雪世界或巧雕等

如此丰富的色彩，与前述那么繁多的种水光相配，会是什么情况？用排列组合的公式算一算，简直是天文数字！难怪行话说"世上没有完全相同的两件翡翠，就像没有完全相同的两个人一样"。很多行家都说"翡翠像个人，翡翠有个性"。这话有道理，翡翠的个性虽然给审美增加了难度，但是却离开了千人一面的索然无味，打开了五彩缤纷的天地，平添了无穷的乐趣。

另一个惊喜是，当色彩遇到了有动感的水头，立刻就鲜活起来，就有了生命！水真的有如此奇妙？我们用心观察，发现三个秘密：

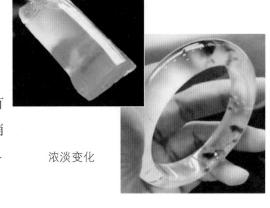

浓淡变化

其一，浓淡的变化。色彩在有水的翡翠里，从最浓到最淡直到消失，渐变的层次极为丰富，且无界无痕，整个变化过程流畅而又自然，它与水墨画泼墨技法的墨迹非常相似，跟油画、彩画、壁画、瓷画、玻璃烧制等艺术品的色彩表现截然不同。而且，当两种色彩相遇时，无界无痕的交融更显神奇。

其二，形状的变化。色彩在有水的立体的翡翠里，它的形状是在三维空间里全方位、无死角、不对称延展，换言之，是全方位任性，

形状变化

超时空自由，与人类灵魂的随意自在同构；它远超二维平面上的360°延展，如果说浓淡变化尚有水墨舒展齐眉，那么形状变化就只能到大自然中寻伴了。

其三，交融的变化。色彩在有水的翡翠里，水与色是交融为一体的，你中有我，我中有你，水的流淌就是色的流淌，水的动感就是色的动感。在审美移情中，人们很容易把自己愉悦的情感迁移到有动感的自然物上去，例如，风儿

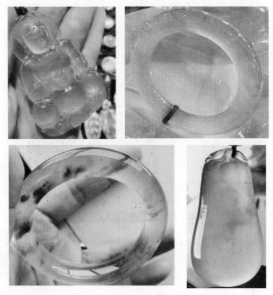

水色交融

轻轻，白云悠悠，小溪欢快，黄河咆哮，都彰显出人的性格。轻轻、悠悠、欢快、咆哮，不都是人才有的感情吗？风儿、白云、小溪、黄河哪有这些情感！那么，当我们移情于水色的动感之时，会触发些怎样美妙的感觉呢！那将是一个怎样精彩的意象世界呢！

揭开这三个秘密，在综合审美时，我们的眼光将变得犀利，情感体验将深入玉骨精髓，心理将捉摸到灵馨神气，审美表达将变得丰富细腻，我们会明白行话说的"有水色活"。

以上是从审美角度讲述的种水色光，就是在顺光条件下我们能观察到的翡翠外在美的素材。"外在美"不是行话，是我们提出的一个新概念，以对应下述的"内在美"。

翡翠的内在美

在透射光下，即行话说的"对光看"时，翡翠的五大种质都会出现另一番景象。玻璃种和高冰种透明度较好，顺光和对光的变化似乎不大。从正冰种到糯种，半透或微透，顺光看，只能见到外部，看不到内部，其实色已经渗透到内部，色形立体，隐蔽，因而神秘。如用透射光，尤其是电筒光，内部立刻显现出异样的美丽，特别是带色带花的，对光之美"爆棚"，甩开外在美几条街；豆种和瓷种虽然略逊一筹，但也有相同的效果。这就是"内在美"，一个"被爱情遗忘的角落"。

内在美不看种水光，只看色。在透射光下，正冰到瓷种藏在内部"不显山不露水"的色，大放异彩！色调虽然不变，但尤显得明艳鲜亮，色的浓淡变化细节格外清晰，色形的变化奇妙尽显婀娜柔和、千姿百态。此等美色，在宏观大自然的山水星云之间极难寻觅，很多人平生第一次见到，都击掌叫美，惊呼"太

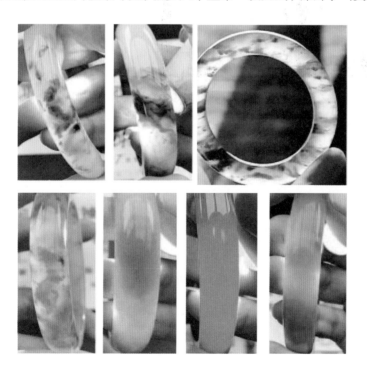

绝！"只道是"九天银河""飞流直下三千尺"；谁曾想，万种美景，方寸之地有"瑶池"！

数百年来，由于照明手段的限制，人们难以发现翡翠的内在美。不可想象，明清时代的人们拿着油灯和烛光怎能发现内在美？时至今日，电筒换了几代，越换越适用，可惜在行业习惯的引导下，人们打透射光，目的是去找"裂癣绵脏"，用商业眼光断"疑难杂症"，而对"内在美"一叶障目，不见森林。正冰到糯

种占据了上档次翡翠的多数，如此漠视和马虎操作，且非丢了西瓜捡了芝麻？想来应该是"不识庐山真面目，只缘身在此山中"这诗句搞的鬼吧！

用透射光及侧射光（有的人叫"背光"）发现另类的美，或者创造另类的美，实属鲜见。但它们是雪藏的自然美，或许

是因为太美，美得害羞，躲在深闺，要有"天眼"，得想办法，"千呼万唤始出来，犹抱琵琶半遮面"。以上五件"美色"，有抽象、具象，人物、风景；有翡翠、南红、海洋玉髓、黄龙玉，你能分辩出来吗？

从审美的角度看，外在与内在的"两全齐美"，共同组成了翡翠的完胜、完美。大自然为翡翠的内在美打开了一扇窗户，却没有关闭任何窗户，何乐而不为？

如果把外在美叫"明美"，那么内在美可以叫"暗美"。明美美得眼睛亮，暗美美得心发慌。两者的区别见下表。

有人说，美倒是美，就是麻烦，还要随身带个电筒。其实不然。别忘了，今日当下，手机时代，每个人随身都有支电筒哦。

不过必须提醒的是，要想观察到真实的内在美，光源大有讲究。一是使用

白光，原因见前述。二是要控制光的强度，方法是，根据不同的种质，调整电筒与翡翠的距离，太远了透射不够，展示不出美丽，太近了一片白光刺眼，糟蹋美丽，须以不强不弱、不刺不漏为标准。或用手指遮挡光的强度，也可。

明美与暗美的区别

明美（外在美）	暗美（内在美）
老传统，顺光看	新开拓，对光看
外在美，易看见	内在美，不易见
直观存在，需点拨	隐蔽存在，需展示
有行规，较成熟	能类比，难表达
历史认可	引领认可

糟蹋美丽

我们为什么要如此详细地分析翡翠美的构成细节呢？因为，我们要动用艺术手段来欣赏翡翠。

艺术及其作品是要以情动人的。情感是分粗糙的和细腻的，细腻的情感是靠审美对象的细节促成的，细节是客体的，细腻是主体的；细节决定细腻，细腻决定情感。对于翡翠，没有细节，哪能触动芳心？犹如没有宏图，哪能鼓动雄心！

在艺术欣赏中，欣赏者情感的强烈程度，由他对审美对象的认识广度和理解深度决定，细节可以决定认识和理解的广度和深度，认识和理解越广阔越深刻，情感就会越丰富越强烈。正是这种丰富而强烈的情感，可以使欣赏者兴奋、满足、甚至痴迷，这就是艺术的魅力。

宗白华在《美学散步》中说："以宇宙人生的具体为对象，赏玩它的色相、秩序、节奏、和谐，借以窥见自我的最深心灵的反映；化实景为虚境，创形象以为象征，使人类最高的心灵具体化、肉身化，这就是'艺术境界'。艺术境界主于美。"果然一大师，铭言唤凭栏！翡翠作为一种"宇宙人生的具体"，若寻得适合的艺术手段，赏玩它的色相……那一系列细节，化实为虚，创造动人的形象以成迷人的意象，而获得以美为主的艺术境界，让人们在这种境界中得到满足，甚而痴迷，这正是我们对翡翠审美的追求。

适合翡翠审美表达的艺术

我们已经知道，对翡翠的审美表达，使用"美、漂亮"等简单词汇赞美，以及已介绍的那些对应语汇的赞美，只能算初级阶段。即使主播们在直播间惊呼"我的妈妈呀！"也属初级。既然已经被美得"哭爹喊娘"，为何不请艺术来帮忙？语言表达思想，艺术传达情感，只有艺术，才可能使翡翠的审美进入中、高级阶段。

艺术的门类前已述及，从原始人类岩洞壁画起源，直到如今的文学、绘画、建筑、雕塑、音乐、舞蹈、戏剧、电影、电视、摄影、书法、曲艺、园林、工艺美术、民间艺术等，产生了门类繁多的各种艺术。其中，我们可以借鉴和应用的，应该有三类：绘画中的彩色水墨画，摄影中的自然风光照以及文学中的诗文民谣。

绘画中的彩色水墨画

近些年，我们作过很多次随机调查，展示翡翠的两美，问外行的爱好者："您看看，像什么？"几乎所有受访者都答："水墨画！"哈哈！真是异口同声的共识，没错！

水墨画和翡翠，两种不同的审美对象，为什么会给人同一种美的感受呢？彩色水墨画是运笔、线条、墨形、色彩、构图的艺术，翡翠成品的线条、色形、色彩、构图四个审美的核心要素，与水墨画极为相似，美学的"同构"原理指出，两者必然能产生同一种美的感受。于是，我们就看到了上述问答的现象。也因此，我们不仅能把翡翠的两美比作水墨画之美，而且能借鉴和借用水墨画的很多理念和术语来表达翡翠的美。他山之石，可以攻玉，水墨之术，可以美玉。

荷花、山水

如果说在形式审美上两者是同构，那么在文化审美上两者则是同源。水墨画与翡翠都讲究自然、情景、意蕴、神韵、气场、飘逸、空灵等。这些观念，都源于中国的传统文化。在民间，常见不同文化、不同收入、不同阶层的人群中，到处都有各种"高人"在作不同角度的"自以为是"的讲说。所以，同源可以使翡翠和水墨画像某景和没"P"过的该景照片一样，无缝对接，互相映照。

那么，为什么是翡翠审美借鉴水墨画而不是相反呢？原因有二。

写意水墨画

一是水墨画历史更为悠久，水墨画源于唐，兴于宋，距今一千多年。但这里不是摆老资格，不是"如果有胡子就有学问的话，那么山羊也可以当教授"，而是真正具有成熟的传统技法，完备的鉴赏

71

理论，历代公认的大画家，丰富而价值高昂的大作名画。翡翠大量传入中原则是在明清时期，迄今四五百年，虽然根植于九千年的玉文化，但真正对材质的美学研究，是近些年才开始，还属于"小弟弟，蹒跚学步"的阶段。

荷花、山水

二是水墨画是中国的国画，具有广泛的社会文化认同，因而有庞大的受众和社会基础，这意味着知识的普及和受欢迎的程度，从庙堂到茅屋，从学府到稚园，从雅士到村夫，水墨画无处不在，毫无疑义远超翡翠之上。当我们使用早已深入人心的现成语汇时，人们将更容易理解和把握翡翠的美。"好风凭借力，送我上青云"，不借好风力，枉有青云心！

抽象水墨画

如今的水墨画已经从原来的墨黑、丹红、石青三色发展到了任意色彩，称为彩色水墨画。彩色水墨画表现力更为丰富，与翡翠多样的色彩有异曲同工之妙，尤其是彩色水墨山水画，与翡翠天然水色的共通性极强，极易产生心理跃迁而融通。但即便如此，水墨画有山有水有具体形象，是写实却强调意境的"写意画"，而翡翠却只有"天工"随意而作的色形和种水，更像"抽象画"。抽象画虽然无具体形象，却也因此留给了欣赏者更为广泛且随意的想象空间，恰好进入前述审美的意象世界。意象世界所产生的美感因人而异，既可如抽象画的美朦朦胧胧，也可如写实画有具体场景的美。

无论是写实还是抽象，都为一种美的意境。自然美是流动的，转瞬即逝，其美只属于现场感受者，但是绘画却可以将美的一瞬凝固并传递，让更多的人感受而成为永恒。而翡翠早已将自然美凝固成永恒，这两种永恒在意境中交融，岂不是开辟了另一片美的天地？

当然，优秀的自然风光摄影照片，完全可以类比翡翠。对那些有色无水的翡翠品种，油画也是不错的类比选择。这两种艺术作品在后续介绍中将直接使用，就不详述了。

文学中的诗文民谣

除彩色水墨画和摄影两种艺术可以借鉴外，在直接的审美表达中，最适合翡翠的艺术，就是文学中的诗文和民谣。诗文为雅，民谣为俗。

诗、散文和古诗词是精致的语言艺术，短小精干，适于对翡翠普通语言或行话描述中的切入。它们的使用无需有其他艺术的任何材料、布景、场地、人员等，受到的限制最小、自由度最大。而它们有音乐的特征：节奏、高低、韵律、飘缈，可以造成视觉、听觉与心灵的相通，对优美意境的引入特别管用，而且引起的情感强烈，美感动人。它们高雅的档次与翡翠的档次匹配，是最适合的首选，就看你把握和创造的能力了。

这里说的诗文，是指小诗、小散文和几句恰当的古诗词。此处强调"小"，是因为面对着一支手镯、一个挂件、一串珠链、一粒戒面，长歌当吟或长篇大论是不恰当且愚蠢的，我们要向水墨画的"留白"学习，两三句就够了。给人留白，任由驰骋。

民谣呢，民谣是指恰当的民歌歌词、有理趣和情趣的顺口溜，甚至俚言俗语。千万别小看了它们，由于它们对文字的修辞不像古诗词那样有严格的要求，也无须考虑含蓄而"拐弯抹角"，更无须引经据典而令人费解。它们比较直白但又不是"白开水"，比较易懂但也不是"一二三"，它们也需要比喻、形容、韵脚、排比、巧妙等具有艺术特质的"硬件"。但它们与普通人的生活更加"对庄"、接地气、合口味，所以能使更多的受众朗朗上口、津津乐道，易于接收、转而传播。正所谓妙趣横生，"现蒸热卖"。

当然，民谣也强调短小贴切，两三句足矣。好的民谣，可以使档次相同的翡翠雅俗共赏，使档次有异的翡翠贵贱同行。

诗文和民谣简练而富于情趣和理趣，又符合直播的口语环境，特别是那些每天连续播五六个小时而又"江郎才尽"的主播们，有技巧地使用诗文和民谣，像玉指拨动那根心灵的琴弦，在喧闹中，一定会发出美妙的声音。

翡翠审美新突破

当我们知道有如此多的艺术手段可以对翡翠进行审美,那么,传统中"色辣"等那几句行话就显得太冷清了。为了掌握这些艺术手段,我们必须修炼,炼出审美的眼睛,就如中国神话中的"第三只眼",就是"天眼"。天眼在哪儿?哈哈,不在额头上,看不见!因为,天眼藏在心里。"太白与我语,为我开天关"。天眼炼开,眼界大开,便可以看见翡翠另一个美的世界。为此,我们需要来一些新的突破。

态度突破

让我们回到"这朵花是红的还是美的"这个古老的问题上吧!这就是美学中主体的"态度"问题。在我们习惯用行话品质优劣和科学真假诠释之后,应该收起理性的态度,用审美的态度再一次观察它,感觉它,这样才可以进入另一个美的天地,体验另一番情的意象。这是一种习惯的转换,也是一种态度的突破,突破"重商轻情"和"重真无情"的局限,开创"以情动人"的新境界。

联想突破

翡翠集天地之灵气化为种底,采日月之精华酿成水色。冥冥之中,我们懂得珍爱它,祖祖辈辈传承工艺,小心翼翼呵护美丽,让它直到与我们肌肤相亲之时,仍然保持着天然的颜值、自然的灵气!"来到人间,犹在天边"是它傲立于群芳之上的特质,所以,我们要突破"一"的限制,放飞思绪,联想天边:手中虽是一个挂件方寸之地,却连着洞天福地,一支手镯的"一山一水",却连着千山万水。

将翡翠之美喻为山川河流、天穹星云、清泉灵水、繁花秀林……其实是为翡翠寻找故乡、重回自然,我们切不可错失了这个无穷的、得天独厚的美丽之源。

情感突破

通常，一眼看去直觉美的愉悦情感，是绝大多数人都能产生的美感，这种美感的产生较为容易，效果却不免粗糙，但不幸成了行业的习惯。只有经过情思的加工，才能升华为深刻的美感，美得动人，这就是艺术的使命。艺术可以突破情感，升华情感。

运用中国古诗词和水墨画蕴含的飘逸、空灵、神似等传统美学理念，深度挖掘人们对翡翠及对映自然景物的直觉美感，在对翡翠实物描述的基础上幻化情感突破，以实见虚，感受翡翠的气场与神韵，去遨游意韵和意境，"我欲因之梦吴越，一夜飞渡镜湖月"，享受不似为胜似，"空故纳万境"的无限境界。

表达突破

不仅只是第一印象"玻璃种、蓝水，秧苗绿"等朴素的描述，还应该与彩色水墨画、诗词、歌词、民谣、散文等共通，借助这些多样的艺术手段，突破简单比喻的局限，多角度、高档次地表达和展示翡翠的美。当然，这不是一件容易的事，需要对相关艺术的常识进行了解，同时进行使用的学习和训练。

我们说过，对翡翠审美的表达，单个词汇的赞美只是初级阶段。艺术的介入才能上升为中级和高级阶段，中、高级阶段其实就是使用与创造的阶段。自己不会某种艺术，不会画画、摄影、作文、写诗，别着急，可以借鉴。这里当然有知识产权问题，但你引用没问题，若标榜是你创作的就侵权了。这好比电脑，电脑拿来用没问题，但若声称电脑是你原创的，那就不对了。

会引用并且能熟练使用，使用得贴切恰当，引起共鸣，增光添彩乃至得心应手，都是中级阶段；能有自己的小创作，就进入高级阶段了，其实也不难，熟能生巧，至少小散文和民谣是能创作而进阶的。

层次突破

如果以上的四个方面都能突破，层次也就自然突破了。美学渗入翡翠的作用，就是要突破低层次审美的局限，把翡翠的自然美上升到艺术美的高级形态，给人以超越时空的静谧，惊心动魄的美感，创造"本来就属于她"的审美价值。

这个目标的实现，对于消费者来说，求美的灵魂得到了极大的满足，内心的喜悦又锦上添花；对于直播间来说，提高了企业的文化档次，美誉形象自立于强手之林；对于主播来说，内心充满了自信，重塑人设，内秀外芳而两全其美。

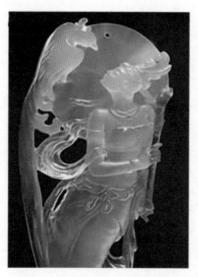

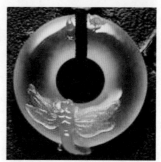

雕件之美

翡翠审美在飞扬

凝视着翡翠，现在，我们应该不仅仅只是"一个词两句话"的水平了吧？

当美学照亮了翡翠，您是否发现那是一个五彩缤纷的世界？我们甚至会有一种激动，一种冲动，手足无措，"这么美！我怕，我怕我的嘴太笨，根本讲不出来……"别怕，小哥哥，小姐姐，其实很多人都是这样的，我们的神与情该往哪儿飞呢？

为翡翠描绘彩色水墨画——飞往水墨画的意境中去……

为翡翠插上诗的翅膀 —— 飞往诗文民谣的海洋中去……

为翡翠重回自然找故乡——飞往大自然的美景中去……

为翡翠找到最心仪的主人——飞往人们的生活中去……

在这片土地上，大自然赐给了我们东方的人类这样的宝物，与我们的精神家园如此地般配，是我们在蟻宇之中的得天独厚。"时来天地皆同力，运去英雄不自由"，我们的情思飞向何方将不再迷茫！

手镯之美

艺术的纵情遨游：中外名人金句

若俗子肉眼，大不出寻丈，粗欲如牛，目所取之景亦何堪向人道出。

——明清·王夫之

心灵和它的产品比自然和它的现象高多少，艺术美也就比自然美高多少。

——德国·黑格尔

艺术的意境，
因人因地因情因景的不同，
现出种种色相，
如摩尼珠，
幻出多样的美。

——现代·宗白华

艺术是人类情感的
　　　符号形式的创造。
——美国·苏珊·朗格

任何艺术作品和艺术形式，
都是
感性的、生动的、
具体的、形象的，
有着自己独特情调
即形式感的。

——当代·易中天

真正的艺术就是
　　　通过想象表现情感。
——英国·科林伍德

言征实则寡余味也，
情直致而难动物也。
——明·王廷相

艺术的目的是打动情绪和
情感。
——德国·乌提兹

78

翡翠为什么这样美

30分钟
慢话翡翠

漫步五
翡翠与两种艺术
的美学关联

艺术最大的收获是抚慰心灵

帮你找到情感愉悦的海滩

　　我们终于可以进入实作了。彩色水墨画属于国画，诗文民谣属于文学，两者都是"高大上"的艺术，从创作到鉴赏，各自都有完整而庞大的体系。没有人天生就会欣赏艺术品，这是一个后天学习的过程，这里需要点拨和指导。为了展现"美丽之冠"之美的理想境界，我们需要寻找那些与之相关的常识，学习并运用它们。

翡翠与彩墨画的匹配

水墨画的几个基本常识

中国画按技法分，可分为水墨画、无骨画、工笔画、勾勒画、重彩画等；按题材分，可分为山水画、人物画、动物画、花鸟鱼虫画等。可见，水墨画是中国画的一种。我们要应用的彩色水墨画，是以山水为题材的水墨画中的一个分支，简称彩墨画。

水墨画用的工具是宣纸、毛笔和墨。古时除墨黑色外，常加用朱丹的红色和石青的蓝色，朱丹（硫化汞）和石青（碳酸铜）都是天然矿物。所以，"丹青"泛指水墨画、水墨画艺术、水墨画画家、水墨画行业，当然也指现代的彩墨画。

几种中国画

彩墨画的色形为什么与翡翠如此相似，变化如此丰富、自然、流畅呢？因为它是在水墨画的五种笔法（中锋、侧锋、逆锋、拖笔、散锋）、六种墨法（焦墨、浓墨、泼墨、淡墨、破墨、积墨）和五种技法（勾、擦、皴、染、点）的基础上，由画家挥毫而成的，已有千年历史。但它吸收了油画的很多理念，增添了丰富的色彩，因而变得如此美妙，是近百年的事。

例如，泼墨（彩）法：用大羊毫饱色，用水多，让色彩随水在宣纸上自然渗行，色形和浓淡便如水泼出一样流畅，再用笔整形。艺术效果，酣畅淋漓，气势豪放。适用于大写意、彩墨山水，特别是表现云山烟雨最为巧妙。

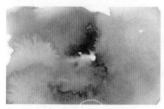

泼墨（彩）法

翡翠花色的分布为什么与彩墨画如此相像呢？因为彩墨画的构图讲究十种关系：色与白、虚与实、疏与密、大与小、远与近、藏与露、聚与散、主与宾、呼与应、开与合。这些构图关系，翡翠大多能够体现。例如，彩墨画讲究"留白"，留白之处为空，似虚，实际是有水、雾、天，所以又是实实在在的，即虚与实的关系；翡翠上的色与色之间就有很多空白，恰似"留白"，也表现了虚与实。又如，色形之间的大小、疏密、聚散等所蕴含的远近、藏露、宾主、呼应等关系，也能逐一对应。

上面色形和构图两个方面，几乎一样！"身无彩凤双飞翼，心有灵犀一点通"，行内行外所有欣赏者们异口同声地"像水墨画"，终于找到了原因。

接下来深入的问题是，彩墨画的韵味和意境为什么特别适合翡翠，为此，我们将彩墨画与油画作一个对比，发现即使相同的画面，也会有两种完全不同的风格，一种是淡雅空灵，一种是浓实厚重。这是东、西方两种文化背景下的绘画艺术，两者各有材料、技法和鉴赏体系，没有高低之分，只有风格和喜好

淡雅空灵与浓实厚重

的不同。

　　我们把两种绘画的美感，与翡翠的美感对比着细细咀嚼，发现彩墨画以恣意无束、流畅淋漓的笔墨，挥洒出惬意、舒展、朦胧的韵味及那种幽深、清远、缥缈的神秘意境，是其他画种难以表现出来的，是彩墨画独有的美学特质，这种特质与翡翠的美学特质高度相似，与前述对翡翠美鉴赏的分析友情契合。

　　那么，我们可以借用哪些欣赏彩墨画的要义去欣赏翡翠呢？

翡翠与彩墨画的匹配

首先，欣赏表现彩墨画各种色形的高超技艺，学会描述的专业术语，使用这些术语直接描述，或稍加修改，转而描述翡翠的色、种、水的具体形状——

看彩墨：层次丰富，柔顺随意；变幻无穷，无界无痕；落笔为定，从无更改。

看浸映：薄如蝉翼，浸而无损；水墨任行，自然天成；似透非透，渗透开来。

看运笔：饱含水墨，意在笔先；形散实聚，柔中有刚；刚柔并济，力透纸背。

其次，欣赏构图的奇思妙想。构图就是画面布局，学会描述的专业术语，将翡翠的色种水视为彩墨画的花草山水、鸟兽云天等实物，其在底子上的分布视为构图，使用这些术语，直接或稍加修饰，转而描述翡翠色、种、水的分布

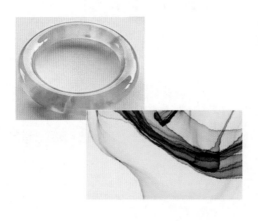

状况——

留白：用留白的方法，表现水、天，云等实有形而神无限的景深，诠释虚与实、大与小之间的完美结合。

布局：用平远、高远、深远"三远"，和水空、云空、天空的"三空"景语，在宣纸二维的平面上，实现自然景色多层次、多维度的布局，起到"拍案叫绝"的效果，进入"一切景语皆情语"的境界。

灵动：用彩墨的浓淡、配色，景物的大小、对称、非对称、对比、取舍、疏密、开合、动静、呼应等技法，使画面在奇思妙想中无穷变化，产生万物灵动的生命感。

最后，欣赏韵味和意境的朦胧缥缈。"味"是情感层面的感受，"意"是情思层面的想象，两者都是审美的收获，是整体的印象，可借用专业术语进行评述——

以少见多：画的少，意味多，以少见多，情萌动，绪飞扬。

以小见大：大小相衬，气场大，山高水长；只大或只小，气场小，不耐看。

以虚见实：只能看实，不会看虚，看不出"无画处皆成妙境"，就很难欣

赏彩墨画；实景虽容易，缥缈须努力。

以形见韵：画家落笔于"形"的同时，已将形转化为"神"，形只是开始，韵味和意境还将传神，这就是彩墨画的奥义所在。

在对翡翠参比水墨画进行上述三步欣赏和具体细节描述之后，必定会出现一个整体难以言表的朦胧状态，味道有多浓？境界有多宽？可使用专业术语大加赞赏——

水气迷离、烟霭迷蒙、草木浑厚、色彩盈动、水韵诗意、自然浸染、烟波浩渺、晨曦微露、虚实变幻、回味无穷、反复品味、饱经沧桑、泼墨写意、浓墨重彩、画龙点睛、气象万千、意蕴深远、画里画外，遐想无限……

翡翠与诗文民谣的结合

在所有艺术门类中，文学最自由，因为它是语言的艺术，不受材料和环境的限制。文学用语言塑造形象，语言既能讲述具体事和物的形象，又能倾诉人的精神和内心世界，比起其他艺术手段，几乎是万能的。不过，对翡翠说了几百年的"漂亮"和行话"色辣"之类的语言，是生活语言，不是艺术语言，不能之称为艺术。

适合翡翠审美表达的诗文民谣，才是艺术的语言。艺术语言可以直击心底，搅动内心最柔软的心绪从而产生强大的震撼力。当然，要想用，就得学。

诗文民谣的三个特征

这是一个大题目，我们只介绍与翡翠审美相关的"三贵"，即"小三贵"，很适合配小诗文、小民谣。

贵情感

诗文民谣是情感浸润的产物，情感淡漠，谈何诗文？情感干瘪，哪来民谣？在日常生活中，情感是无意的；在文学创作中，情感是酝酿的；在艺术欣赏中，情感是被激发的。然而，无论你处于何种状态中，情感大概的规律是：

借景抒情，要情景交融；情溢言表，要以情动人；情趣横生，要情思飞扬！

观察入微，感情才细腻；畅想自由，情感才丰富；胸怀宽广，激情才澎湃！

贵含蓄

诗文民谣不能"抬着竹竿进城——直来直去"。不宜直说，留下想象，直说者味同嚼蜡。诗文民谣与水墨画一样，讲究意境，必须"留白"，由欣赏者自由想象，才能产生和显现各人的意象，各人口味不同，故而味也无穷，乐也无穷。

即使抒情也要含蓄，含蓄如香茶、美酒、咖啡，如幽香、暗香、妙香，让人慢慢品味、回味，细思、久念，那才叫美。美得叫人遐想、意远，神往。

当然，含蓄不是深藏不露，让人不能理解，摸不着头脑。如果硬要自称这也是"艺术"，那也只能恭喜你"孤芳自赏"。尤其是大众文学，含蓄因时、因地、因受众、因审美对象的不同而不同。把握好这个尺度，是"艺术家"的功力。

贵有趣

"有趣"是诗文民谣走向受众的催化剂和助力器。"趣"包括理趣和情趣，理趣带点小哲理，情趣带点小调皮。当然，民谣不算，在正规的诗文中，有趣并不在主要特征之列，但在对翡翠全貌评估的三件"神器"中，科学的求真和行话的求财已经够严肃了，美学的求美应该有趣才行。有趣，翡翠才会更显灵气，更具生命活力。

呆板的审美干巴巴的，像瘦猴，活着但无美感。对于那件在人们眼前美轮美奂而又骄傲昂首的翡翠，对于那些满心喜悦、满怀期望的审美者，无趣和肃穆会使他们的情绪大失所望，一落千丈。

下面我们从易到难，看看诗文民谣相关的基本常识对翡翠的应用。

顺口溜

基本要求：简短，两句式；两句都需押韵，顺口；有修辞；不押韵不算顺口溜。

语言特点：不是诗，很直白，有乐趣，民间口传，告诫、调侃，吆喝。

生活实例：你的存在很随意，生活不能没有你。

例1："走过路过，不要错过"。很通俗，吆喝，传遍国内商业街和国外唐人街很多年。

例2："饭后百步走，活到九十九"。通俗，有理，老年群体，代代相传。

翡翠应用：你的使用很方便，审美不能没有你。

例1

顺口溜

水灵灵、水汪汪，

就像漂亮的小姑娘

例2

顺口溜

只有一朵乌鸡花

满园春色陪伴它

【小励志】

民间生活很平常，两句就把话讲完。

顺口有点小意思，通俗才能传四方。

民歌、民谣、流行歌歌词

基本要求：四句以上，每句字数相等或不相等；不能每句都押韵，但要有韵脚。

语言特点：通俗，简明，易懂，有趣；有比喻、形容、排比等修辞，有一定意境。

流行形式：配以音乐，在小调、山歌、民歌中流行；有民族性、地域性。

生活实例：民歌、民谣、流行歌曲，如汪洋大海，歌唱家乡、风景、爱情、亲情等，往往是一片美景、一段思念、一种情怀，但却多姿多彩。听觉的音乐意境与歌词的语言意境糅合，常常把人们心灵最深处的情感，带往浩渺的天宇。

翡翠应用：不知你是否发现，民歌片段的歌词，如果把倾诉的对象和赞美的景色"转换"为翡翠或翡翠的水色分布，就可通用。这种转换可以把主语换为翡翠的内容，称为"明换"，也可以原词不换，但明显是在暗喻翡翠，称为"暗换"。无论是"暗换"还是"明换"，都将是何等的吻合！而且，只需要选取其中的一两句、两三句足矣！当然是自己喜欢的、早就陶醉其中的那几句。何况，这些歌词早已传唱在千千万万人群之中，人们只要听读到歌词，那首歌曲便会不由自主地在心中响起，在耳边回荡。六根相通嘛！美感的意境很现成，一旦点拨联通，乐声起处，必定鲜花盛开。翡翠美的情感引导，鬼使神差，水到渠成！

例1:《甜蜜蜜》

暗换，原词隐喻

在哪里，在哪里见过你
你的笑容这样熟悉
啊，在梦里，梦里
梦里见过你

例2：《掀起你的盖头来》

暗换，原词隐喻

掀起了你的盖头来
让我来看看你的眉
你的眉毛细又长呀
好像树上的弯月亮

例3：《小城故事多》

原词

看似一幅画
听像一首歌
人生境界真善美
这里已包括

明换

看似一幅画，
听像一首歌
人生几回求美玉
这里已包括

例4：《小河淌水》

暗换，原词隐喻

月亮出来亮汪汪
想起我的阿哥在深山
哥像月亮天上走，
山下小河淌水清悠悠。

例5:《天堂》

暗换，原词隐喻

蓝蓝的天空

清清的湖水，绵绵的草原

这是我的家啊

例6:《天边》

暗换，原词隐喻

山中有一片晨雾

那是你昨夜的柔情

例7:《呼伦贝尔大草原》

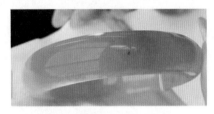

暗换，原词隐喻

我的心爱在天边

天边有一片辽阔的大草原

例8:《呼伦贝尔大草原》

暗换，原词隐喻

草原茫茫天地间

洁白的蒙古包，散落在河边

【小励志】

山歌一唱天连天，摘片云朵把手牵。

莫忘心中翠竹林，村姑也能变诗仙。

古诗今用

古诗词，尤其是唐诗宋词，是中国文化的瑰宝，至今仍如珠峰，在诗词之巅熠熠生辉。为什么千百年来，唐诗宋词被一个拥有亿万之众的民族辈辈相传、代代喜爱？重要原因之一，就是在审美的精神层面上一脉相承。虽然李白、苏轼等诗人诗兴大发时的审美对象早已不再，但是那些诗词所产生的两大境界"飘逸"和"空灵"，却饱含人类美感的共性，"人皆有之"，因而不朽。正是这种不朽，让我们在"移情"翡翠的过程中，既蓦然勾起幽幽怀古之情，又愕然惊叹莹莹现时之丽，情感永驻，享受深刻。

先看飘逸：飘飘欲仙，飞逸自由。在审美的特征、美感和意境三方面，与翡翠的审美极具共通性，但熠熠生辉的文彩和意境，可使翡翠的美，飞扬——此为大雅！

诗词特征：人的精神自由超脱，人与自然融为一体。音韵优美，意象清晰。

文字美感：超越时空的宏大，惊心动魄的美丽；不可言明，只可神会。

意境美感：乘云气，御飞龙，飘四海，逸天宇；天地与我并生，万物与我同一。

代表人物：唐代李白。

例：限于篇幅，摘选诗句。使用时，字字珠玑，不可改动，只可神会。

人生得意须尽欢，莫使金樽空对月。

天生我材必有用，千金散尽还复来。

唐·李白

大鹏一日同风起，扶摇直上九万里。

假令风歇时下来，犹能簸却沧溟水。

唐·李白

孤帆远影碧空尽，
唯见长江天际流。
　唐·李白

两岸猿声啼不住，
轻舟已过万重山。
　唐·李白

我欲因之梦吴越，
一夜飞渡镜湖月。
　唐·李白

云想衣裳花想容，
春风拂槛露华浓。
　唐·李白

飞流直下三千尺，
疑是银河落九天。
　唐·李白

　　再看空灵：如果说飘逸是"借景生情"，那么空灵更偏向于"借景悟心"。心性即佛家的"禅"，禅是梵文"禅那"的音译，意译为"静虑、冥想"；静虑和冥想不是胡思乱想，是诗人通过对自然万物的观察，选择性地描写，来表达所领悟到的理趣，这便是禅悟，禅悟能由景及意，即由实到虚，又由虚到实，实虚互动，产生"万里长空，一朝风月"的审美意象，与对翡翠和水墨画的审美契合。

　　诗词特征：空是自然的寂静，灵是生命的活跃。音韵优美，意象空灵。

　　文字美感：词语清丽，幽远深宁。静谧恬淡，静趣溢兴。

　　意境美感：天地悠悠，空纳万景。若有若无，万籁寂静。体验当下，灵动永恒。

　　代表人物：唐代王维等，宋代苏轼等。

　　例：限于篇幅，摘选诗句。使用时，字字珠玑，不可改动，只可神会。

江流天地外，山色有无中。

郡邑浮前浦，波澜动远空。

　　唐·王维

独坐幽篁里，弹琴复长啸。

深林人不知，明月来相照。

　　唐·王维

人闲桂花落，夜静春山空。

月出惊山鸟，时鸣春涧中。

　　唐·王维

明月几时有？把酒问青天。

但愿人长久，千里共婵娟。

　　宋·苏轼

　　据统计，现已出版可查的唐诗宋词共八万余首，诗人词家两千多位，多不胜数，例如，大家熟悉的杜甫、白居易及婉约派第一女词人李清照等，他们精彩的名诗、名句，也很适于翡翠的审美。这是传统文化中取之不尽的源泉。

竹外桃花三两枝，

春江水暖鸭先知。

　　宋·苏轼

夜静水寒鱼不食，

满船空载月明归。

　　唐·德诚

千山鸟飞绝，万径人踪灭。

孤舟蓑笠翁，独钓寒江雪。

　　唐·柳宗元

花自飘零水自流。

一种相思，两处闲愁。

此情无计可消除，

才下眉头，却上心头。

　　宋·李清照

上面说的是唐诗宋词的意象和境界之美，其与翡翠美感的共通性，以及借用的实例。古诗词之美，还有诗的四言、五言、七言规定的规整的字数，词的牌名规定的每句的字数，以及这些字句中严谨的韵律、节奏和平仄，比起现代诗和歌词，要严格许多。这是"文绉绉"的那个时代的大文豪们激情开出的花朵哟！

最后要说的是，古诗词里常讲究使用典故，以典故扩充并美化内涵，这一绝技，对翡翠的审美极有启发。例如，李白的《清平调》其一，短短四句，就有两个典故三个人物，即杨玉环的故事与她的美；穆王西行的故事与周穆王、西王母。

瑶池对歌

云想衣裳花想容，春风拂槛露华浓。

若非群玉山头见，会向瑶台月下逢。

《清平调·其一》

穆王西行

【小励志】

古诗宛若群星灿，一言可激千层浪。

名诗名句万人诵，如金如玉永流传。

小散文、小诗创作

面对着千变万化的翡翠之美，很多时候只是"借用"，仍然感觉不够尽兴，自己能创作岂不更好？

盯着翡翠，酝酿情感，胸中在涌动着什么？反复把玩，忘掉心烦，思绪飞往何方？说出来，写下来，天成自然！

动点小感情，写点自然小景，写物为主；带点小思绪，写点无拘无束的小想法，写灵为主。

从顺口溜开始，比较简单，几乎都是口头语。然后写小散文或散文诗，在口语和书面语之间，有节奏感，比诗歌随意。最后下些功夫写小诗。有的爱好者，翡翠迷、"翠粉丝"、主播小姐姐、人设文案哥，早就按捺不住，大胆尝试，怡情陶醉，乐此不疲！

例1：小散文

为什么那么绿？
绿得散发着清新的香气。
呵呵，
是春雨洗淋过的青山，
让人着迷。

例2：小散文

一抹朝霞，
穿过了郁金香的花瓣，
那神奇的紫色，
又把我带进了，
青春的梦乡……

例3：小散文

静静地，

像一汪清泉，

倒映着翠绿的树影，

水波不惊，

轻轻地流淌……

例4：小散文

不知名的小花，漫山遍野，

开满了高原的山岗，

湛蓝的天空上，白云也停下脚步，

静静地欣赏……

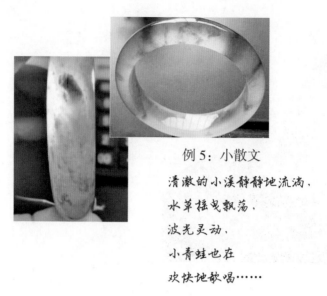

例 5：小散文

清澈的小溪静静地流淌，
水草摇曳飘荡，
波光灵动，
小青蛙也在
欢快地歌唱……

例 6：小散文

海边的月夜幽静，
只有哗哗的海浪声，
微风拂面，
暗蓝色的海面上，
波光粼粼……

翡翠与诗画的远方浪漫

中国传统文化中，书法要钤印，水墨要题诗，诗和画形影不离。可见，一千多年前的艺术家们，早就感悟到了水墨美与诗词美的共通性，将"两美"糅合，诗润画境，画释诗意，创造了一种独特的艺术形式。要不然，怎么会有"诗情画意"之说呢！

现在，翡翠来了。我们已经分析了它与彩墨画匹配的美感，又讨论了它与诗文民谣结合的情缘。而诗画本是一家，如果把它与这一家子结合，与诗情画意结合，会是什么情况？会有何种效果？会得到何等的享受呢？

从美学的角度看，有共通性的若干审美对象融合，必将增加审美因素，扩大类比空间。如此三个对象的审美条件、专业术语和美感意境互借互用，在无形渗透之间，必将强力提升翡翠审美表达的艺术性。

且看如下九组"三美图"，由种水色俱佳的翡翠手镯与彩墨画（照）再配以小诗文组成，由这三种美融合成另一种更美的意象。这是一个创新，愿翡翠的爱好者们，能在这里享受到翡翠与诗画的远方浪漫。

三美组合图

千里江山，满环柔情；
万古长空，一朝风月。

1. 艺术可以通向心灵的深处，帮您找到精神的港湾。

一个是阆苑仙葩，一个是美玉无瑕。若说没奇缘，今生偏又遇着他。

平远、高远、深远

色如云变，空如水流，
构图如千里江山，
堪称天人合一的艺术品。

北宋·王希孟《千里江山图》1191.5cm×51.5cm

2.翡翠绿色的灵动产生的气场，空幽美妙，生命力、无与伦比。

春风吹绿春江岸，春意染绿杏花墙。

墨色盈动，超凡脱俗

内在美，
色形婀娜多姿，
色明艳度使人
"食之有味，
视之心慌"。

生活中的很多美，是藏着的，不露声色，就等您了。

3. 暗美变明美，
  您说有多美?

山重水复疑无路，
柳暗花明又一村。

《游山西村》宋·陆游

色浓度渐变的层次极为丰富，何止360°。
这是致色离子全立体、全方位分布的独特
效果。

用墨彩的浓淡与景物的大小布局，

使画面有丰满的效果，从而产生身临其境的获得感。

4.翡翠里那种气息的流动，看不见，摸不着，

却有着特别的韵味，

这种韵味就是翡翠来自喜马拉雅的元气。

烟雨蒙蒙山重重，万里云间一点红。

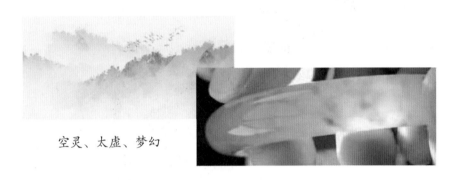

空灵、太虚、梦幻

画龙点睛，韵味传神

5. 水和远山，

　　诗和远方。

留白，留出虚空，

虚空可纳万物，

你自由去畅想……

水空、云空、天空

宁静、致远、呼应

水气迷离，泼墨写意；清雅空灵，万籁寂静。

虚实变幻，以少见多；布局遥望，奇思妙想。

6.枫叶掠过千重山，
　　秋风万里染金黄。

不是一片叶子，
是一片金子，
在收获的季节里，
金子总会发光。

自然浸染，温润柔顺。
浓墨重彩，奢华内藏。

心灵和它的产品比
　自然和它的现象高多少，
　　艺术美也就比自然美高多少。
　　　　　　　——德国·黑格尔

7. 满池锦鲤轻轻游，
　　一壶香茶走闲愁。

锦鲤背，
笔直又有弯曲；
思绪中，
纷乱也有柔顺。

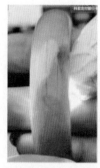

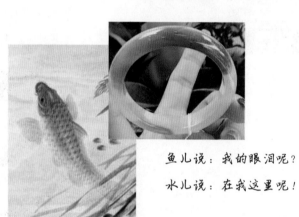

鱼儿说：我的眼泪呢？
水儿说：在我这里呢！

想你时你在天边
想你时你在眼前
想你时你在脑海
想你时你在心田
《传奇》

8. 丹霞一片枫叶不知愁，
   红颜一笑欣喜上心头。

给您慧眼，
一眼望穿红尘。

很多时候，
我们渴望浓浓的感情。
连大自然都知道，
这是个秘密。

翡翠是你生活的镜子，
情感的脉象。

红翡喜庆黄翡招财，
有喜有财好运就来。

9.青山翠竹影婆娑，

一江春水荡绿波。

浸映法

水墨任行，自然天成；

层次丰富，无界无痕。

泼墨大写意

色形和浓淡，

如水泼出一样自然。

若俗子肉眼，大不出寻丈，粗欲如牛，

目所取之景，亦何堪向人道出。

明清·王夫之

翡翠与彩墨画的美学关联

关联程度

"三美图"赏毕，从天边的烂漫中回来，我们不禁要问，此刻，为什么翡翠会美得令人心醉、令人窒息？为什么反复看，很耐看，似乎会看出更多的内容，使人爱之弥深？为什么会让人爱不释手、不忍离去而意醉神迷？

前面已经对彩墨画作了一些介绍和分析，现在可以进一步用美学的概念来回答这些问题了。美学告诉我们，这是因为翡翠之美与彩墨画之美的"共通性"非常强。我们梳理出十二项双方都具备的审美要素，看一看他们之间的关联程度，便可以明白。此处需要对下表所用的"关联程度"稍加解释：

关联：表示该要素两者都有共通之处，但有一定差别。

强关联：表示该要素两者相同且高度一致，几乎完全共通。

弱关联：表示该要素两者虽有共通，但有较大差别。

暗关联：表示该要素两者的概念互借共通，但实体不同。

万事有缘起，认真比一比；莫说门外汉，仔细看一看。详见下表。

翡翠与彩墨画的美学关联

审美要素	中高档翡翠	彩色水墨画	关联程度
色饱和度	浓、淡，渐变丰富	浓、淡，渐变丰富	强关联
色明艳度	阳艳、辣，有暗	艳，彩、有暗	关联
色调	丰富、全光谱	丰富、全光谱	强关联
色形	点、片、线、随形	点、片、线、随形	强关联
构图	立体、抽象，随意	平面、具象、三远	关联
质地	种，多晶集合体	生宣，特殊纸质	暗关联
水	光学效应、灵动	泼洒浸透，三空	暗关联
工	天人合一功力	画家艺术功力	暗关联
光	实，玻璃至油脂光	虚，色彩明暗对比	无关联
韵味	强，自然，需类比	强，艺术，易体验	强关联
意境	强，艺术，需类比	强，艺术，需理解	强关联
美感	强，唯美，需描述	强，形美，需点拨	强关联

基础表达

除了与彩墨画的十二点紧密关联外，诗文民谣的表达当然不可缺席。与彩墨画艺术相比，诗文民谣的语言艺术拥有极大的灵活性和充分的自由度，因而具有广泛的表现力，可以直接地、巧妙地、深刻地揭示人的内心世界。必须使用它在欣赏翡翠和彩墨画双重叠加的视觉美感时，来表达丰富、细腻而又广阔的情感世界。

情动于内，言表于外，我们已经体验。但正是由于诗文民谣艺术的自由与宽泛，仅就形式而言，就有从通俗的顺口溜到高雅的古诗词，导致了体验者的敬畏与窘迫，然而，它们毕竟还是有基础、有港湾的。所以，我们紧扣十二个审美的关联要素，选择这一角度，从前述彩墨画的鉴赏要义中，列举一些专业术语和赞美词，以便可以"精准"地使用于翡翠审美的基础表达。

不过要说明的是，基础只是初级水平，贴切的使用是中级水平，创作才是高级水平。如下表。

审美要素的关联赞美词

审美要素	关联赞美词
色饱和度	过渡自然、层次丰富、无界无痕、浓墨重彩、轻描淡写、厚重、淡彩
色明艳度	色泽、对比、协调、明快、鲜艳、暗淡、强烈、烘托、交辉融合
色调	色彩语言、色彩丰富、对比色、协调色、过渡色、表现力、渲染力
色形	立体、片、线、满、散、洒脱、随形、随意、自然、流畅、舒展
构图	布局、三远、三空、留白、呼应、虚实、疏密、聚散、大小、点缀
质地	底子、宣纸、毛笔、墨彩、水、能使墨色自然扩散、夸张、背景
水	无形、灵动、生命、润物、滋养、水润、源远流长、行云流水
工	天人合一、艺术造诣、功力深厚、力透纸背、意在笔先、巧夺天工
光	（荧光、刚光、宝光、油脂光）、湿润、柔和、明亮、光影变化
韵味	惬意、舒展、朦胧、水韵诗意、韵味传神、恣意无束、酣畅淋漓
意境	宁静、淡雅、浓郁、深远、空灵、飘逸、情感脉象、景语情语
美感	独特、唯美、抽象美、具象美、自然本性美、摄人魂魄美、美玉如画

艺术品位

种、水、色俱佳的翡翠成品，无论是手镯、戒面、珠链类的非雕刻品，还是挂件、摆件类的雕刻品，都是人工与"自然工"天人合一创作的艺术品。当它与诗画艺术融为一体时，便会极大地提高其艺术品位，展现出深层次的艺术内涵。

当然，欣赏者也要提高审美能力，对人生与自然有基本理解，悟得"道法自然"之道。翡翠与彩墨画体现的是自然本性之美，讲究气韵生动、心领神会，与本为自然之一员的人类产生共鸣交流。翡翠与彩墨画妙就妙在"似与不似之间"的感觉，意境和心境相通相融，完美结合；体现为单纯之美、宁静之美和淡雅之美。

欣赏者还应该了解"气"与生命既抽象又形象的关系。气，即生命之气，某人气度不凡，则其生命力旺盛；某人活力四射，则其气场强大。"气"静静地充盈在我们的机体里，仰观宇宙，感知生灵。翡翠与彩墨画灵动的生命力也产生气场，且空幽美妙，难以言状，无与伦比。这种气息的流动，看不见，摸不着，却有着特别的韵味。这种韵味就是其生生不息的元气。两种气场的融合，将使人类精神家园的鲜花怒放。

人的心灵深处潜藏着无形的画面与琴弦，都能被艺术和艺术品激发，映射和拨动出人的喜怒哀乐，悲欢离合，爱恨情愁，以及难以名状的思绪，甚至是自己尚未察觉的细腻情感。因而，古往今来以至永远，人类都孜孜不倦地追求着艺术。

诗是情的精灵：中外名人金句

诗缘情而绮靡。
——魏晋·陆机

笔落惊风雨，
诗成泣鬼神。
——唐·杜甫

诗的灵魂是情，
美的清泉是意。
——现代·佚名

诗以山川为境，
山川亦以诗为境。
——明·董其昌

诗人的创造力
在于
能把一个内容
在心里
塑造成形象。
——德国·黑格尔

人要诗意地栖居在大
地上。
——德国·海德格尔

诗是最快乐最良
善的心灵中
最快乐最良善的
瞬间之记录。
——英国·雪莱

翡翠为什么这样美

30分钟慢话翡翠

漫步六

翡翠雕件美的重重迷雾

读石的天书

创作的天堂

欣赏的天窗

翡翠的美，是由两大部分组成的。前面介绍的是手镯、戒面、珠链等非雕刻件的美，它们主要是玉质的美，是与大自然紧紧相连的本体的天作之美，或者说，它们使人产生的万千意象，无目的，无功利，是自然的纯美，又称"唯美"。如果用绘画艺术的语言来说，属于抽象画。

还有另一部分，是人们在玉料上设计并雕刻出具体的实物形象，成为挂件、手玩件、摆件三类雕刻件，用雕塑艺术的语言说，属于薄意雕到圆雕的"具象雕塑"。雕刻件在中国有连续不断九千多年的历史，形成了独立的玉雕艺术与玉文化。

传统文化又称民俗文化，也叫民间文化或世俗文化，在世界各民族的背景下则称为中国文化。五个称呼不同但内容相同，是因为人们对一个复华而庞大的事物从不同的维度切入研究，侧重面不同而有不同表述的缘故。玉文化伴随着中华民族发展九千年，是传统文化中重要的子文化，曾因有"宁为玉碎不为瓦全"的信念而被誉为"中国文化的脊梁"。它经历过神玉和王玉两大时代，来到了民玉时代。在民玉时代的今天，玉雕艺术的具象更多体现的，是与日常生活密切相关的健康、长寿、平安、钱财、富足、美丽、好运、喜庆等，这些具象表达着人们对美好生活方方面面的意愿和企盼，这些意愿和企盼的核心是吉祥，更接近民众的习俗和风尚，所以使用"民俗"的概念，称为民俗文化。但植根于民俗文化的当代玉雕及其玉文化，是有目的而无功利的。

民俗美的魅力细如春雨

玉雕及其玉文化民俗美的"有目的无功利"，是因为它有特定的题材、形象和主题。从美学的角度看，雕刻件的审美在未进入市场前，其无功利性与非雕刻件一致，即无论对于买方、卖方或欣赏方，雕刻件的美或不美并不因为某方的占有和利益而改变。但目的性却截然不同，非雕刻件的美毫无目的，由审美者的美感自由驰骋；而雕刻件的美却由玉雕师在拿到玉料之后，"读"石、审石，据石之貌，赋以主题，设计形象，此时便划定了美的范围，有明确的指向性，即目的性。例如，玉雕民俗中的求财，常雕铜钱、元宝、貔貅，多籽的玉米、葡萄等，这些形象早已约定俗成，代表"财"，划定了财的范围，满足了人们对富裕追求的心理需求，其目的性非常明确。

有了明确的目的，形象的设计与紧接其后施以雕技，创作出成品，则是创造美的外形条件，让审美者获得在此主题形象范围内的美感。因此，我们对雕件的审美，审的就是民俗之美、玉雕（设计与雕技）之美，当然还有玉质之美，亦可谓"三美"。

"三美"中民俗美的主题，在表现手法，即设计与雕技上，与所有艺术品一样，蕴藏着创作者的奇思妙想、艺术天赋和个性风格。其中，含蓄是最基本的要素。没有含蓄便是直白，味同嚼蜡，不是艺术。例如，求财的主题，没有哪位玉雕师会在一块玉牌上直接雕个"万"字，就算求财之作拿出来示人（呵呵，又不是做麻将牌）。但确有人生怕别人看不懂而直接雕个"财"字的挂牌，实为下作，离艺术十分遥远。堪称高档艺术品的精巧设计与雕技，往往是心血、灵感与造诣的结晶而得的独此一品，常听大师们说"像我儿子，舍不得卖"，卖了又时而去主人家看看，一副割了心头肉的样子。

玉雕中的雕技，是把设计落到翡翠玉质上的桥梁，高超的雕技可以把设计的形象和主题揭示得更加完美，也可以把玉质的美展露得更充分、更靓丽。因此设计与雕技血肉相连，不可分割也没法分割，所以，没有只会画不会雕的业者，亦没有"玉雕设计大师"，只有玉雕大师。

可见，雕刻件尤其是挂件，"雕必有意，意必吉祥"，须在方寸之地成就一件精品，实为不易。玉雕"三美"的综合美感以特有的文化形态，或明或暗地隐藏在那些具象之中，似涓涓细流，如蒙蒙春雨，无声地滋润着人们的心田，一旦喜爱的种子萌发，便会有愉悦的情感享受，开出美的花朵。尤其是对于翡翠这种条件变化多端的材质，既是玉雕师们读石的天书，又是他们创作的天堂，更是人们尽情欣赏的天窗。这一套创美审美的系统，有强烈的族群性和地域性，被称为"外国人没有，中国人独有"的"阆苑仙葩"。远远望去，似有沉鱼落雁，却若隐若现，宛如云遮雾罩，甭说外国人看不懂，就是外行的中国人，也常会坠入五里云雾之中。

翡翠雕件的审美似有重重迷雾的原因，就是"三美"的互相影响与制约。其他材质的雕塑，如泥塑、石雕等，审美主要在主题与雕工，不存在材质的复杂变化。材质审美在前面已经作了相当深入的研究与表达。在以下的评述中，为简洁方便，只使用"很美、美、一般"三个等级来区分。

主题吉意的民俗之美，因源于浩瀚的传统文化之中，我们只能从表现手法、经典传承、当代时尚等方面大致分类，选用了180件作品分析、对比。除标注姓名者外对难以联系而无法征求意见的作者，在此深表谢意和歉意！

翡翠玉雕在行业内称为雕工，简称"工"，实为一门独立的艺术。在一块很小的翡翠片料上，深入玉料肌理，三维立体构图，依种水色造型，利用俏色分色技巧，考虑厚薄明暗，创造光影效果，勾勒线条流畅，立体弧度自然，形象艺术夸张，独具美学特征，终得迷人美感。能得其中真谛，实为难上加难。

所以，对雕工的审美，难于展开详述。我们将凭借对成品的整体感觉，使用"艺术品、工艺品、好、一般、差"五个等级来区分。当然，这不是标准，因为我们知道，虽然美感有共通性，但毕竟不是一家之言。不过，大家公认的

雕某样东西"像"或是"不像"，可以作为"好"的标准，即五级居中，相当于一般照相而非艺术品。因此，雕得"像"的也都只能称"工匠"，离"大师"还需努力。

翡翠的万千雕件，确似一个令人目不暇接的大花园，现在，我们可以穿过迷雾，且行且看，尽情欣赏"昨来天女下云峰，带得花枝洒碧空"（清·郑板桥），抑或是"接天莲叶无穷碧，映日荷花别样红"（宋·杨万里）。

必须"会讲汉语"的审美

为什么"外国人没有中国人独有"呢？因为大部分玉雕主题的表达，都是通过谐音、谐意的手法来实现。例如，雕一只蝙蝠和一个铜钱，蝠与福谐音，钱与前谐音，就叫"福到眼前"；其中的心理过程是以汉语言的发音相同或相近为纽带，使两种事物按照民间的约定俗成发生转移，导致情感获得细腻的巧妙与风趣。由于其他语种没有同样的发音、语意和民俗约定，所以无法产生同样的幽默语景和快乐体验，因此，必须"会讲汉语"，才能"芝麻芝麻开开门"。

其实，谐音、谐意是中国民俗文化之一宝，广泛应用于各种民间艺术，如纸剪、木雕、装饰、广告等和日常生活中，民间喜闻乐见。只是，很多场合粗制滥造又用得太多，美感大大衰减，或者说"美点太低"，如同"笑点太低"一样。例如，"福到眼前"的谐音，"美点"已经很低，必须依靠设计雕工的艺术性和材质的美感以补其美。如图，两块同样的"福到眼前"，其美感右边的便无法与左边的相比。这是雕件三美综合鉴赏的结果。

"福到眼前"
的两种效果

主题的谐音表达

形象的名称与主题的名称两者发音相同或相近，便可借用以含蓄且幽默表达，叫谐音。

花生可择音谐生；花生米，古称玉粒，玉谐意，故得"生意"；龙谐隆，且有龙飞凤舞的活跃与发达之意。吉意"生意兴隆"。

因龙体积大，挂件常雕如意、蝙蝠、铜钱等与花生相配。

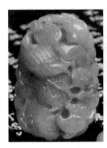  

生意兴隆

生意人的企盼，
全家人的希望。

福禄寿

葫芦谐福禄，小动物（常认为是獾），即兽，谐寿。吉意"福禄寿"。

千年传统祝福，
民间最大幸福。

知足常乐

脚上爬蜘蛛啥感觉？

哈哈，没事，蜘蛛谐知足，足即足，

且有人生足迹之意，吉意"知足常乐"。

还须欣赏对比玉质与雕工之美。

禅家道家，
快乐进家。

金玉满堂

金鱼谐金玉，
塘谐堂。

年年有余

莲谐连、年，
鱼谐余。

左：构图好，线条流畅；种水色均好。右：色好，工一般。

喜上眉梢

喜鹊飞上，
即喜上，
梅梢谐眉梢。

双喜临门

两只喜鹊，
双喜。
人们希望
好事成双。

两件都是玉质美，工一般。

英雄斗智与英雄斗志

鹰谐英，熊谐雄；
两头相对意相斗，
既斗智也斗志。

右件还有
一小熊，
故还可称
"英雄教
子"。

左：工一般。右：工好。

平安无事牌

平面而无雕饰，谐平安与无事。专为突出玉质美而作。

盘算天下、胜算在握、精打细算、如意算盘……

好一个"算"字，引出诸多"算"的词汇，就看你喜欢哪一个。

人生如意

人参谐人生，如意即如意。

　　左：妙似人形。

　　右：俏色巧雕，童子添情趣，

　　　　负重上行，有深意。

马上封侯

马上发财

　　马背上谐马上，背何物就马上有何物。

　　两件玉质美，右件工达艺术品级。

123

英雄教子

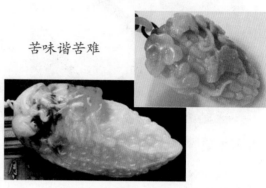

苦尽甜来

苦味谐苦难

辈辈英雄

熊谐雄，
背谐辈。

左：工艺品。右：工好。

左：俏色巧雕，工好，细而逼真。

右：俏色却雕不巧，工一般，太粗糙。

家有百财

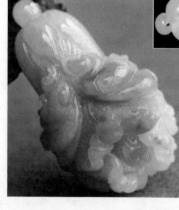

人有百才

白菜谐百财、才。

两件带色糯冰，玉质均好，
右件水头更足。
两件俏色巧雕，工好。

慈禧陪葬品中有两颗翡翠白
菜，其中一颗失而复得，现
藏台北故宫博物院，为十大
镇馆之宝，因而名声大振，
深受追捧。

主题的谐意表达

形象的某些特征与要表达的吉祥意义相同，便可借以含蓄而幽默地示意，叫谐意，也可叫比喻。

节节高升

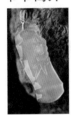

竹报平安

两件玉质均美。
竹子一节比一节高。但非专指"升官"，可泛指所有不断攀高的吉祥之事。
民间传说，
除夕夜烧竹子爆裂时发出的声响可驱赶山鬼，保来年平安。也是春节燃放"爆竹"的由来。

十拿九稳

鹰是鱼、兔、蛇等小动物的天敌。喻做事很有把握。

左墨玉，右墨翠，
玉质一般，工均好。

金猴献寿

可爱故事：悟空看守蟠桃园却偷吃了蟠桃，吃一个蟠桃可活几千岁哦。

两件冰种带色，玉质很美。工均好，神态竞出。

金枝玉叶

"玉叶"实
至名归。

两件玉质美。

右：俏色在蝉足过渡，
精巧，工很好，工艺品。

事业有成

叶谐业，
追求事业成功。
两件玉质美。

一夜成名

玉叶谐一夜，
蝉会鸣取谐意。
纯属逗乐：
叶子上雕啥，
一夜就得啥。

圆梦　梦想成真　美梦成真

圆喻圆满，圈内为梦；
圈内雕啥，就圆啥梦。

左件瑞兽：好梦、美梦、祥瑞之梦。工好，
高冰飘花玉质美。右件古龙: 成龙梦、事业成功梦。
工一般，冰种。

下山虎

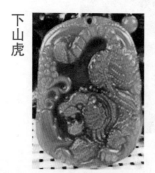

上山虎

两件料均好，工一般。

虎姿向下称下山虎。虎下
山特别凶猛，为啥？
虎虎生威、虎啸山林、势
不可挡、志在必得……

虎姿向上称上山虎。虎上山十
分傲慢，为啥？
威风凛凛、功成名就、事业有成、
威震八方……

126

五毒驱邪

蜈蚣、蝎子、毒蛇、蟾蜍、蜘蛛（壁虎）五毒，本是端午节要除之毒，但民间取"以毒攻毒"之说反得吉意：最毒之五毒为己所用，则百毒不侵。

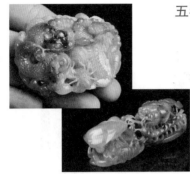

五毒避邪

两件糯种多彩玉质。

工好，俏色巧雕，五种动物构图于较小体积上，虽有繁杂感，却能欣赏精工。

呱呱来财　儿孙满堂

青蛙唱呱呱，来财顶呱呱。
蝌蚪满池塘，儿孙喜满堂。

左：

工好，分色自然，
叶薄蛙实，独具匠心。

右：

工好，双色离而不分，
眼如宝珠，妙趣横生。
两件带色糯冰，玉质美。

机不可失

咬住商机

简化的龙叫草龙，盘曲咬铜钱宝珠。
喻：
市场变化莫测，商机稍纵即逝。
宝珠圆球体衬草龙流畅的曲线，
产生美感。
黄翡分色、高冰淡春，玉质美。

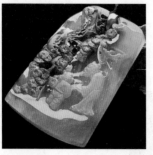

山高林密，苍松之下，老者与童子对言。问题来了，市场证明有三种吉意解读，请连线，看看你理解谁。

①仙人指路　　毕业生家长

②贵人相助　　喜欢古诗者

③松下问童子　迷茫的年轻人

上：
糯冰带色，俏色巧雕，人物有肢体语言。工好。

下：
糯冰满绿，淡化人物，突出"云深不知处"。工好。

一本万利

刀币是周代钱币，假使那时有银行，存到现在2500年，会变多少钱呢？

糯种

冰飘花

正冰

脚踏实地　　积少成多　　一路有财

鞋子：是必须落地的，喻实干，脚踏实地做事。
小老鼠：运食物是一点一滴的，喻实干，积少成多。民间多有五鼠运财的故事。俏色巧雕，工一般。

既谐音又谐意的主题

主题的吉意由形象的名称发音和含义共同产生。

时来运转

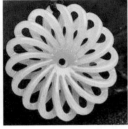

面对人生风云，常盼时来运转。诗云："时来天地皆同力，运去英雄不自由"《筹笔驿》唐·罗隐

中：多环镂空，特殊雕技。左：仿五千多年前的"玉璇玑"。右：中间圆盘可以转动。三件都意含"转动"，均料好、工好。

由四季豆的四季得"四季平安"
由剥开豆荚豆子滚出得"财源滚滚"
由三个圆得"连中三元"：解元、会元、状元。

正翠、正春、冰飘花，三件玉质十分美丽。

灵机应变

蜥蜴遇险会变色，地道"灵机应变"。

今非昔比

蜥谐昔，旁边常配钱币，宝珠，如意等，寓意"今非昔比"。

冰红、正翠、淡春，三件均色美、工好。

一马当先　马到成功

马是人类的好朋友。除上
面两语外，吉意还有很多。
奇怪，为啥马的各种姿态
都很美，是各类艺术家追
美的最爱。

三块玉质都美，三马各具形态。

右马临徐悲鸿名画，马的身、头、蹄、尾与玉色深浅变化极为吻合，奔之
欲出，功夫十分了得。

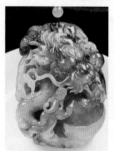 

大龙望小龙，望子成龙
三件都用俏色巧雕，且只
雕大龙头部以突出主题。

美名远扬　名扬四海

海螺特征：
号角响，钻花形，螺旋形。
市场检验出三种性格。

请连线

冲动型　　赚钱

理智型　　弯弯绕

疑虑型　　名扬四海

经典传统文化的美感

玉雕广泛取材于传统文化之中，让人感到庞大复杂。但其中有一些深受整个族群喜闻乐见，被世代相传，成为经典。玉雕师们也苦苦追寻，依托翡翠材质的特点，施展艺术才华功力，创作出了若干经典美感。

当然，整个族群，自然包括不同欣赏水平和取向的人群。虽有古训"阳春白雪，和者数十；下里巴人，和者数千"（《楚辞》），但也略举几例，力求雅俗共赏。

四大美女

四大美女，从春秋末的西施、到西汉昭君、三国貂蝉、唐初贵妃，历时千余年，一直是中国女性美的标杆。

可惜只有文字没有图像，只形成意象，但符合美学原理，故能千年流传。

右边四件玉雕件都达艺术品级别，按"沉鱼落雁，羞花闭月"的顺序排列。但其中一件公认为顶级，另三件稍弱。

你能看出顶级的是哪一件么？

须按玉质、构图、用色、透视、光感等功力逐件细读，读出大师们的"玻璃心"哦。

2.0 版
雅俗共赏

131

龙凤呈祥

龙飞凤舞

龙行天下霸王龙
浴火重生火凤凰
龙凤，是中华民族男性女性
的神话，繁衍生息的影子。

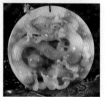

麒麟送子

传说，孔子出生时有玉麒麟
在他家门前口吐玉书，
于是，孔子长大后成为圣人。
传说，麒麟是文瑞兽，
有角备武，但角软而不用。

貔貅

翡翠市场的兴旺，使貔貅在过去的二十年大受欢迎。
民间盛传"貔貅十八讲"。
"貔貅现象"可成为民俗文化是因"俗"成功的一个案例。

飞天

飞天是乐神与舞神的化身，天龙
八部神之一。
敦煌壁画的飞天，
华丽的裙饰与柔美的飞姿，
给众生唯美的享受。

仙女散花　　　　反弹琵琶

唐·李正封《牡丹诗》

国色朝酣酒，
天香夜染衣。
丹景春醉容，
明月问归期。

国色天香

牡丹，国花。
雍容华贵，
高贵女性的象征。

女娲补天

女娲补天其实有两个情节：炼玉和补天。为什么少见炼玉而多见补天呢？
除直奔主题外，是因为女性向上、举臂、托石、飞逸的身姿，与随意配置的裙、
云、花、物……及柔弱与力量的对比，更具美感。
神话是一个民族的人文智慧。她能得到族群认同，是因她美的魅力。否则，
为啥说"美丽的神话"呢？

墨翠的浅浮雕，线条流畅，构图
简洁，右下角有画外音。

紫罗兰的浮雕，构图呼应，色切
主题，彩玉置顶有深意。

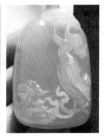

财神

民间各地财神不一，但公认的有文武各二。各类艺术的不断创作，广受供奉，深受喜爱。

武财神关公、赵公明

文财神比干、范蠡

神态各异：垂眸细思、明眼圆睁、盘算天下、和气生财。

战国玉璧

平安扣

从祭拜上天、代表王权，到如今的"保平安"。从大名鼎鼎的和氏璧到现在的平安扣，这个民族与你不离不弃。

玉质之美摄人魂魄

十二生肖

凡中国人都有自己的生肖，管你是个啥啥，概莫能外。
属各自的保护神。人们精心制作，赋以吉意，以求好运。

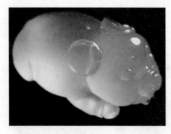  

猪肥财旺　　　　　**三羊开泰**　　　　　**扭转乾坤**

现代时尚美

翡翠现代时尚的美，跳出传统"福禄寿喜财"的范畴，使用更多的现代主题、艺术语言、潮流时尚等元素。

自由神驰

随形：在玉料原形上修整。
充分表现
外部形态与内部玉质之美，
没有拘束。

小雨点

与贵金属和其他宝石共舞，但仍是
主角。

壮志凌云

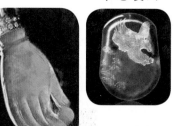

牵手

流畅音符
主题，亦是
当下生活的
花园。

丑小鸭的梦

135

翡翠玉雕，写实与写意，与水墨画艺术相同，讲究形式美，包括玉质美、外形美、构图美。

玉雕业全国最高赛事"天工奖"2002年始，至今历20届，各地又组织了多项赛事。

刘安文作品

《远去的纤夫》获
彩云杯银奖
曾有人看罢号啕大哭

远去的纤夫　　激流　　大吉祥

加龙作品

90后玉雕大师
现代气息、题宽路广，
多件作品在多项赛事
获奖。

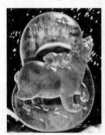  

呼唤　　鸟鸣涧　　霞水相映

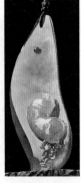 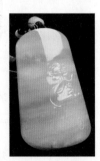 

一马平川
（王国清）　　听则思聪
（李振庆）　　知音

迷离幽梦

把翡翠读懂，读到骨子里，读到灵魂深处。寥寥数刀，色影与光影，便幻化出世间无可寻觅的梦境。

孟力云游四海去了。还在玉雕界么？

孟力作品

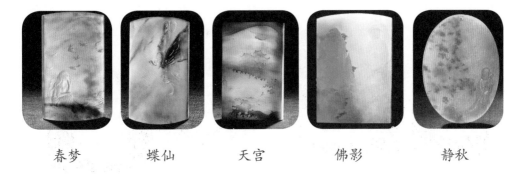

| 春梦 | 蝶仙 | 天宫 | 佛影 | 静秋 |

柔蔓娇花

要搭"脚手架"，要自制专用工具，易折断，成功率低。需要怎样高超的技艺、非凡的毅力和生命的追求？

玉的坚硬竟然化为娇柔，何等神奇！

叶金龙（中国台湾）作品

137

佛道神像之美

　　历史留下了不同时代珍贵的佛、道神像，而现在的玉雕则制作了海量的"观音佛"。那么，他们到底是何方神圣？什么样的作品才是充满禅意和美感的艺术品呢？

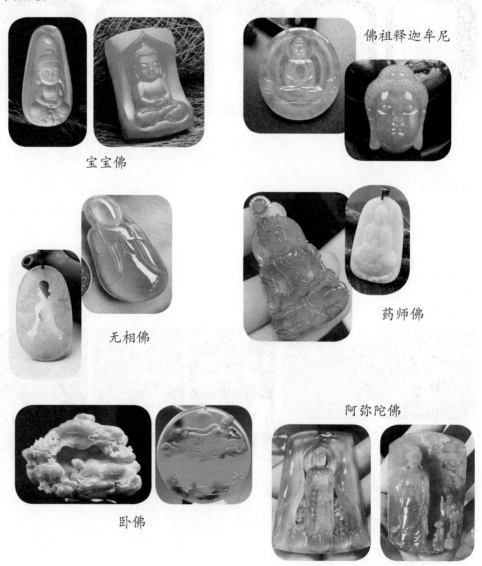

佛祖释迦牟尼

宝宝佛

无相佛

药师佛

阿弥陀佛

卧佛

每一尊神像都有佛教的故事和本尊的大愿。

了解故事和本愿，才能欣赏神像的造形和作者的功力。

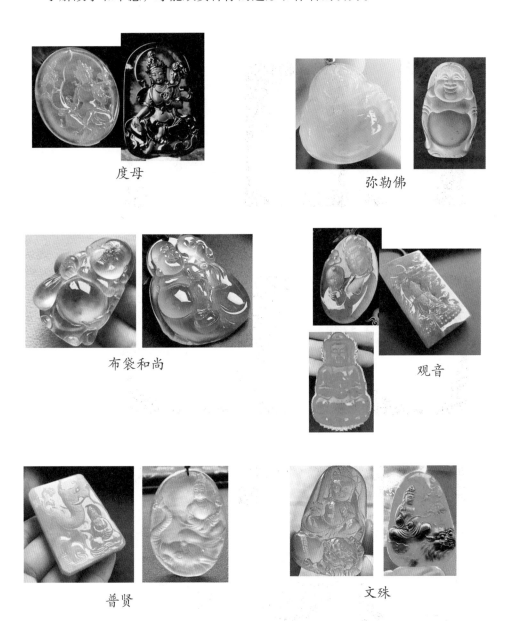

度母

弥勒佛

布袋和尚

观音

普贤

文殊

神像的样貌、手印、法器及配景，在方寸之地的构图，及与玉质的融合，是鉴赏三要义。

　　道教有很多神仙，但在玉雕中较少见。下列作品的玉质选用、传说背景、形象特征、俏色配搭，都能刻画得很到位。

老子——智慧哲思

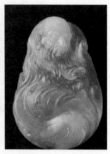

刘海——童真嬉戏

钟馗——嫉恶神勇

大师佛像艺术作品

　　大师佛缘作品，与各人对每尊佛的理解密切相关，因而形象各异，虽各显尊容，但都达到玉质美与禅意美融合的境界，堪称翡翠佛像艺术品。

　　玉质美是翡翠玉雕显著的美学特征。大师级作品能在设计和雕治中，使翡翠的每一分颜色及每一部种水都完美地表现出符合主题的审美形象，使玉质的天然美获得最高的审美价值。

王国清
翡翠佛像艺术

刘安文　翡翠佛像艺术

"伟大的艺术品属于公众，美却属于自己。美与不美尽在自己的喃喃自语中"。

玉雕是一门伟大的艺术，提高鉴赏水平，创造并享受自己的美，发现并赞美别人的美。

欣赏翡翠玉雕艺术，洗目悦心，恰如唐·李绅的诗云："开尽春花芳草涧，遍通秋水月明泉"。

加龙
翡翠佛像艺术

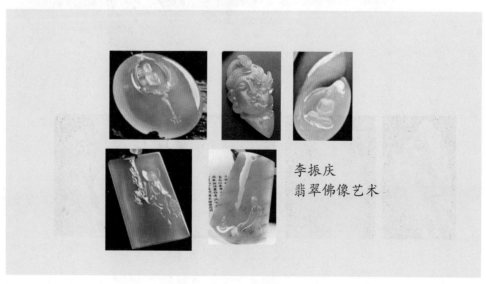

李振庆
翡翠佛像艺术

三种美的此消彼长

上面那些经过精心加工的雕件，从形象的塑造和意蕴的引导，都融入了创作者的艺术理念和精神特质。其题材取自传统、自然、社会，但艺术形象又超脱传统、自然、社会，实现了个人审美意象与玉质自然美的统一，达到这种境界即"天人合一"，其艺术感染力极为强烈，令人心醉神迷。

我们应该注意到，上述对雕刻件的审美，都是在翡翠玉质美的基础上进行的，那些美的玉质都在糯种以上并带色。而且我们已经看到，玉质越美，玉雕师们越有施展的空间，越能创作出精美的艺术品。玉雕界的基本规律是"工随料高"，即拥有高档料的主人一定会去请"镇得住"的高手雕治，以求精品。当然，暴殄天物者和化腐朽为神奇者也有，但少数，不在此论。

然而，瓷种（白底青除外）和普通种质的翡翠，它们种粗无水，带色者色也难与种水好的色比美，总之，难说玉质美，如下图，它们属于低档翡翠。但奇怪的是，这些低档翡翠照样有人觉得美，照样广受爱好者的欢迎，数量大，销量也大。

这是为什么呢？

便宜当然是一个原因，但不是主要原因。若是只图便宜，那么买块玻璃制品或塑料制品不是更便宜，更漂亮，但却无人问津。

主要原因须回到雕件审美的"三美"上来。即回到民俗美、玉质美、雕工美。对于低档翡翠来说，玉质的种水色显然难说美，雕工也是学徒上手，从形象、构图到线条都谈不上美；至于这两种美在中高档雕件上形成的审美意象，在低档翡翠上更是"断崖式"下降，几乎不见踪影。然而民俗美，作为附着于实体玉的文化形态，犹如灵魂一样依然存在。传统文化的各种吉祥企盼，谐音、谐意的表现手法，佛道神像的故事大愿，等等，如果依附于其他实物载体，或许只是一杯"白水"，但只要依托于玉石之上，两者不离不弃融为一体，民俗美就会散发出活灵活现的魅力，不知不觉地、但却深深地吸引着那些无数的爱玉者。

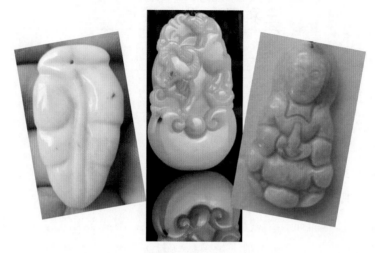

低档翡翠挂件

这就是玉文化的强大之处，这里强调的是玉的文化概念而不是科学概念，换句话说，即当玉质的档次较低时，就会出现文化重而载体轻的现象。这个族群数千年用玉、爱玉、崇玉的传统，根深蒂固。即使再边远的地区，或是不同的民族，或是钱多钱少，或是文化高低，或是男人女人，说"玉"人人皆知，谈"玉"个个生爱，甚至不管玉种不论档次，只要能戴一块玉佩或一支玉镯，便心安理得、心满意足了。在这个过程中，玉质的自然美过渡并转换到了玉文化的社会美，求美之心仍然是硬核。

也可以说，作为国人，对玉的情感是一样的，区别仅在于与购买实力相应的玉的档次。这就是文化美即民俗美的力量。

至此，我们可以明白，中档的翡翠，三种美并驾齐驱；中高档以上的翡翠，民俗美降低，玉质美和雕工美陡然上升；档次越高，玉质美还可以超越雕工美，甚至舍不得雕饰而尽留玉质，如寥寥几刀的薄玉雕、浅浮雕、无饰（事）牌，玉质美所占的比重更高；而低档翡翠，玉质美和雕工美两美下降，民俗美一美上升，独占鳌头。这就是翡翠雕件三种美此消彼长的关系。

我们对翡翠审美的最高境界是"天人合一"。当代美学家韩林德说，真正的天人合一，是"深刻表现宇宙生机或人生真谛，从而使审美主体之身心超越感性具体，物我两忘，当下进入无比广阔的空间的那种艺术化境"。

对于一块玉的主人来说，美玉时时与肌肤相贴，无论高、中、低档，都是来自自然之灵，只有自我情感的注入和私语的交流。很多佩玉者不慎将玉佩损坏，不论价位高低，都会要求修复再佩。若问为何？常笑答："好多年了，舍不得。"话语之间流露出那玉更像是身体的一个部分，有着骨肉难分难舍的深情。能进入这种境界者必是有玉雅的性情中人，其雅能为别人所感知，是另一种"天人合一"，是人生港湾中一种静谧的美。

漫步七
简直就是一场音乐会

美玉美语　不离不弃

美语美玉　歌唱美丽

　　漫步至此，应该专门为翡翠主播们开辟一片天地了。为什么呢？因为，从 2017 年翡翠直播兴起，有关数据表明，仅仅几年时间，翡翠销售量逐年猛增。毋庸置疑，在"翡翠飞进千万家"的漫漫行程里，主播们在翡翠文化的推演上，扮演了重要的角色。笔者在 2019 年春节，曾给做主播的学生们送了一首民谣《主播歌》，以歌鼓励：

　　　　好主播，好主播，听你直播像听歌；
　　　　美声民族通俗唱，唱得粉丝滚下坡。

　　　　滚下坡，乐呵呵，争先恐后扣 1 多；
　　　　翡翠飞进千万家，主播亮嗓先唱歌。

翡翠主播应该像"飞天"

敦煌壁画里那些飘逸飞舞的"飞天"，是佛教故事里天龙八部神之一的乾挞婆，即乐神。佛祖讲经时，在佛国的天空中，飞天浑身散发着香气，唱歌、奏乐、舞蹈、撒花，把轻歌曼舞洒向人间。毫无疑义，她（他）们很美，同时也是美的使者。

主播们讲翡翠，一场五六个小时，天天讲，月月讲，年年讲，讲什么？只讲"捡漏"和"漂亮"两句话么？其实，主播应该像飞天，是美的使者，只会感叹"太美啦"是不够的，从美学、从艺术的角度要求，要用情，深情地"唱"。因为我们已经知道，源于自然的翡翠之美和源于心灵的情感之美，无边无际，说不完，唱不尽！

这是一个神圣的使命。作为传播翡翠美的使者，还应该知道哪些事情呢？

直播间的三元结构

首先，要搞清楚主播、受众、翡翠三者的关系（见下图）。在直播间里，主播和受众（粉丝）是两个审美主体，对着同一件翡翠，即同一客体和同一审美对象，必将会出现不同的审美体验。不仅如此，特别之处还在于，受众有两个审美对象，是"双审美者"，他们的另一个审美对象就是主播。不是说主播长得美不美，而是说主播"唱"出来的歌美不美，换句话说，主播必须拿出你的作品让受众欣赏。因为你讲的话，其实就是你欣赏这件翡翠的情感体验，经过你的创作，所产生出来的小小的艺术品，受众肯定要欣赏，所以主播也是"艺术家"。这个"艺术家"你当也得当，不当也得当，因为，这是直播间这个特殊舞台的"三元结构"所决定的。

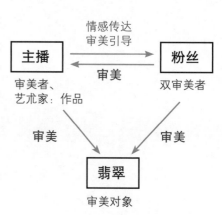

148

哪三元？——主播、受众、商品。

如果没有主播，只有受众和商品，是二元结构，就变成网购了。网购的产品是适用于大众消费的实用性商品，大家都懂的东西，无需讲解，只要对比价格，图个方便就行。

但翡翠不同，我们知道，翡翠是国人视为尊宝的美玉，携带着高雅的美丽、丰富的文化、悠久的历史。正因为如此，人们把它称为"精灵"，这个精灵的整体"人设"是"名气大得很，长相靓得很，传说神得很、铁粉多得很"。

而大多数受众毕竟不是专业人士，那么多内容，一片茫然，确实需要解释和指点，于是，主播便应运而生。主播像飞天，但来到人间，要把翡翠的美丽深情地唱出来，献给爱翡翠的粉丝。可是词曲是谁写的呢？是主播自己。前面说过，初级水平用单词，中级水平能借用，高级水平能自创，不管哪种水平，都有一个意象形成并升华的过程。所以，主播既要写词又要唱歌，两种艺术双重身份，是"双创作者"，比飞天还难。可见，做一名合格的翡翠主播，真的不容易！

与受众分享美感

那么，你的"歌"声能打动受众么？或者说，粉丝能够分享到你的美感么？

这就要看你对这件翡翠审美的深度和表达的水平了。审美各有千秋，但表达却有要求。我们要充分利用审美的共通性，分析受众的主流需求，丰富传统的行话表述，更新流行的时尚语汇，适时使用彩墨画和诗文民谣，力求做到雅俗共赏。雅俗共赏是分享的关键，也是最终要求，但却很难做到。因为，太雅了，"阳春之曲，和者必寡"，受众不知所云或敬而远之；太俗了，受众味同嚼蜡或嗤之以鼻。所以，雅、俗之间的尺度是很难掌握的。而高明的主播能在雅俗之间游刃有余，引导受众渐入佳境，搅动粉丝美感激情，这就是共赏。若能共赏，才能分享。

当然，每一位主播的风格是不一样的，正如歌手，即便是同一首歌，不同歌手唱出的味道也完全不一样，这也是主播的人设。每一位主播都必须认真打

造自己的人设，美声、民族、通俗，乡村、古典、摇滚，理性、强势、甜美，无论哪一种，有特色才能独立于强手之林。"我的人设我作主，我的特色我去苦"，有特色才能出彩，才能像飞天，把美丽传遍人间。

翡翠主播的审美四步曲

虽然说审美各有千秋，但从翡翠主播的操作流程来看，我们还是能找出一定的规律，让主播们清楚自己的心路历程，快速有效地提高审美能力和创作水平。为此，我们借助"胸有成竹"这一成语，以手镯为例，剖析翡翠主播审美与创作的"四步曲"。

盒中之镯 → 眼中之镯 → 胸中之镯 → 口中之镯

盒中之镯

装在盒里、袋里，主播还没见到过的手镯。现实中真实原形的审美对象，具有传统评估的真实属性，未经主播审美加工，尚未意象化，属于所有人，正如竹林中的一株竹子，隐于林海，藏于深闺，是自然之竹。

眼中之镯

打开盒、袋，第一眼看见的手镯。这时映入眼帘的当然是种、水、色，但主播必须突破行业评估的传统，切换屏幕，动用审美态度，凭借审美直觉和眼缘进行初选。无意的刹那间，调动了沉积在潜意识中的经历、知识、诗画、爱好等融成某个情结，这种情结的唤醒，是情感的映射，属于初识阶段。但已开始属于你，是你的眼中之镯（"竹"）。当然要说明，切换为审美态度并不

150

是要抛弃传统评估（估价）。如此看来，初识阶段包括两个屏幕：品质评估与眼缘初选。两个屏幕要不断切换，因为眼缘初选一屏的美学价值，最后是要加入价格权重的！

胸中之镯

初识阶段后，经过头脑和心理复杂地加工创造，"妙悟"而形成某个"审美意象"，此意象因你审美水平的精神作用而得到强化、美化和升华，渗透了情感、情思和审美理念，飞跃而使之"胸有成竹"，但此竹非彼竹，此竹是"定情之竹"，胸中之镯，或"成竹之镯"，此镯已是第二种真实，真实地存在于主播的心里。这种真实前已述及，它也将同时形成并真实存在于所有受众的心里，只是所见各不同而已。否则怎会有"萝卜青菜，各有所爱"之说呢！

口中之镯

用语言表达出来的手镯，是演唱会上如飞天"唱"出来的手镯。这是意象的"变现"，是主播的审美作品。语言所具有的能力将舍去与美无关的描述而突出表达主播的"情有独钟"之感，创造出了一个令人神往的美的意境，是"艺术之竹"。艺术之竹很厉害，它源于北宋画家文与可画竹前要冒酷暑、顶寒风去观竹的故事，北宋诗人晁补之以诗赞之，"与可画竹时，胸中有成竹"；大名鼎鼎的北宋词人苏东坡也赞道，"故画竹，必先得成竹于胸中"，并被感动得一塌糊涂，及至在家中庭院种竹，发誓说："宁可食无肉，不可居无竹！"当然，竹子的自然之身就节节向上、劲秀挺拔，与其艺术形象交相辉映，终被国人喜爱。直到六百多年后的清代，又出现了一位诗、书、画三绝的著名人物郑板桥，痴迷画竹四十年，仅其中一幅《墨竹图》，便可让人们体味到闲情、雅致、劲美、风骨、人品等，成为书画国宝永世留存。

可见，"艺术之竹"威力巨大。至此，主播口中的"艺术之镯"，应该比"盒中之镯"的自然之美更加鲜明，更加动人，凭借美感的"共通性"，更能引起受众的共鸣而享受到天长地久的美妙。

主播必经的四步曲，应该是主播的修炼之道。其中，最后一步最难，因为这一步实为艺术创作，我们选两个重要节点突破一下：门坎与灵感。

门坎与灵感

先说门坎。前述的三级表达水平，就是门坎，做翡翠主播的门坎。这门坎不高不低，如果最低水平都达不到，就说明你不适合做这一行，很多跃跃欲试者，就是跨不过最低的门坎而被淘汰。要跨进门坎是要下死功夫的，在珠宝常识和行业认知的基础之上，审美所要求的阅览、记忆、诵读缺一不可。这里需要灵气，包括求教、悟性、智慧与灵活实作。当然是先易后难，先去模仿借用，后再随心创作；先当某位特色主播粉丝，后把"前浪"推在沙滩上，独创更高一浪。群体里常常谈到的艺术细胞与艺术天赋，并不是复杂的艺术，不必如长篇小说、宏大戏剧、经典诗画、震撼音乐那样流芳百世，且算是"大众艺术"吧。所以，有细胞有天赋的快一些水平高一些，无细胞无天赋的下功夫激活细胞天赋，慢半拍、慢一步也可以达到。但它毕竟有艺术含量，所以是一个挑剔的职业。

再说灵感。什么是灵感呢？灵感是某个久思不解的问题，因突然的某种事物的触发而产生的一种顿悟，叫灵感。灵感是无意识的心理活动，所谓"无意识"，就是人不可能让灵感想来就来，由人支配听人使唤，人类的心理活动中不存在这种事。

但灵感有明显的特征。首先是突发性：不分时间、地点、场景，脑海中突然出现，包括迷糊之间和睡梦之中，例如，对手镯某句诗中的某个词久思不能确定，迷糊中突然冒出一个词来，太合适了，连自己都击掌叫好。

其次是突破性：灵感所带来的方案比有意识考虑的各种方案都巧妙，全新突破，反复对比后更是令人满意，例如，对某挂件主题取名时，取了多个名称都不满意，无意中看见或听见某件事或某句话，让你突然产生联想马上得名，且优于先前所有名称。

再次是亢奋性：灵感出现后，精神会十分兴奋，多时、多天、多年的精神迷茫和压抑突然被释放，周围的一切都变得明朗，甚至亢奋得又跳又唱，或出现一些怪异的行为，懂你的人为你高兴，叫你"莫疯了"，不懂的人说你"有点神经病"，一般人会说"那是搞艺术的，别管他"。

最后是易逝性：灵感出现，却又常常转瞬即逝，再也想不起来，人的精神活动就是这样奇怪。所以，有经验的创作者会立马取出纸笔，迅速记录下来，即便是半夜三更、半醒半睡之中，也要挣扎着起来，开灯取笔立马记录，否则第二天敲破脑袋你可能也想不起来了。

综上可知，灵感是猛然间的创造性思维，它会带来情思超常，情态如狂，得到独树一帜的效果。灵感存在于任何艺术中，以及艺术的任何层次中，甚至任何苦苦思索寻求答案的精神活动中。如果你有过上述体验，恭喜你，你已经步入艺术的殿堂啦！

翠友的美感

本书对翡翠审美的评述，是对所有翡翠爱好者而言的。

也许，生活日复一日，看似平淡，但美学却可以让我们不断地发现美的事物。因为美是没有功利性的，所谓"功利"，就是只要是真美的东西，无论价格高低，无论是否属于你，它都是美的，人人可以欣赏，大家能够受感。比如，某支美的翡翠手镯，不会因为不是你的或者价格昂贵，你就说它不美，肯定不会吧，否则不然，哪里来的"大众情人"呢？所以，美的眼光可以给我们带来享受，增添更多生活的乐趣，但这需要一些关于美的熏陶，不是说"要想生活幸福，就要懂得艺术"么？

有了审美眼光，情趣就会丰富。审美眼光人皆有之，但其水平高低，却是要靠修炼的。其实修炼也不难，比如，尽情游山玩水，才会欣赏翡翠；找词赞美山水，就是赞美翡翠；培养审美移情，搞点多愁善感；读些诗情画意，开发审美想象；学点美学概念，有点理论高度；悟些佛道常识，提高审美品位……

总之，作为艳压群芳的翡翠，看点、靓点、热点无以尽数，我们将深入下去，从种水色、手镯、佩戴、综合等四个角度，再提供 115 个案例。更贴切地欣赏它的魅力。

需要说明的是，作为适合翡翠专用的诗文民谣，从形式上讲，多采用两句式和四句式两种；从风格上讲，可分为高雅、通俗、嬉戏、古诗词四类。古诗词的引用，能对其背景有所了解，将加强应用的准确性，但更主要的是对其文意的现代理解，及与翡翠意境的应景契合。简而言之，四类特点如下：

高雅类：语言含蓄、词汇华丽、意象飘逸、佛道空灵。

通俗类：语言直白、词汇朴素、目标实用、众人易懂。

嬉戏类：民间口语、尺度得当、幽默搞笑、气氛活跃。

古诗词：诗句优美、意境深远、受众广大、流传千古。

还需要说明的是：

（1）本书使用的手镯图片，绝大部分是笔者做主播的学生们在各个直播间里销售货品时，我们作的截图，在此向学生们表示谢意！彩墨画图片则全部从网络挑选。因数量太多难在于与原创者逐一征求意见，故在此向所有原创者表示深切的歉意与谢意！

（2）诗词民谣文案中，凡引用的古诗词一律注明作者、朝代、诗词名，引用的歌词一律注明歌曲名。

（3）每一幅"三美组合图"算一首"歌"，它可能包含 2~4 支手镯和小挂件，以及色、形、意相配的 2~4 幅彩墨画，再配以 2~4 首诗文民谣。当然，把这种组合称之为"歌"，也实在是因为其美轮美奂而欲歌之！

翡翠、彩墨画、诗词民谣"三美组合"115例

特别需要说明的是:"三美组合图"在"翡翠与诗画的远方浪漫"中已经展示了九幅,因是本书首创,为了打开读者的眼界,感悟"三美"的无限,直至自己也加入创作,笔者再展示115幅。欣赏时,请参照前面"翡翠与彩墨画的匹配"和"翡翠与诗文民谣的结合"的分述,顺着两种艺术审美的心理过程,细品。

首先是凝视。每一只手镯的色调是何种颜色?色形及其过渡是像山、像水、像花、像雪、像月?色浓度是清雅、是浓艳?水头是动、是静、是多、是少?飘花构图是简、是繁、三空、三远如何?获得"眼缘之镯"的整体印象。

其次是目光。把"有意注意"转移到与翡翠相连的那幅彩墨画:彩墨画是按翡翠的上述特点,寻找两者最佳共通性精心选配的。它可以把眼中之镯的抽象画,刹那间转变为具象的山水美景、花卉幽香,从而产生强烈的美感。当然,限于笔者彩墨画资源的窘境,挑选必有不佳之配,相信资源丰富的读者必定有更适合的选择,也或许将来的 AI 可以尽善尽美。

最后是赞美。诗文民谣的出现,情趣理趣皆有,高雅通俗同台,初级、中级、高级渐进,歌之舞之尽情。这里给主播和每一位欣赏者留下了广阔的空间,小小"艺术家"将在这里诞生。

列夫·托尔斯泰在《论艺术》中说:"在自己心里唤起曾经一度体验过的感情,并且在唤起这种情感之后,用动作、线条、色彩,以及言词所表达的形象来传达这种感情,使别人也能体验到同样的感情——这就是艺术。"

其实,作为爱好者,无论是买家、卖家或是欣赏者,无论你意识到还是没有意识到,我们都在进行着这种艺术活动,只是现在我们要自觉地进行。

汉《诗大序》中,对审美后必然产生的话语、诗文、歌咏、舞蹈四者的关系有过精彩论述,翻成半白话就是说:"言之不足,诗之;诗之不足,歌之;歌之不足,舞之蹈之"。可见美感表达的这四个级别,一级比一级浓烈。君不见,有人得到一件喜爱的翡翠,高兴得哼起歌来,那是按捺不住的情感升级吧!

来吧!下面我们也来"诗之歌之",再加画之,开一场"演唱会"吧!

种水美赞歌(20首)

种之歌（10）

1. 种质赞

要问种质有几多？
就有瓷豆糯冰玻，
晶体从大变到小，
紧密团结成一窝。

种老就是种好，
种好紧密细小。
龙潭清澈可见，
望穿秋水醉了。

种嫩就是种差，
种差颗粒粗大，
就像砖头石头，
怎比瓷泥细沙。

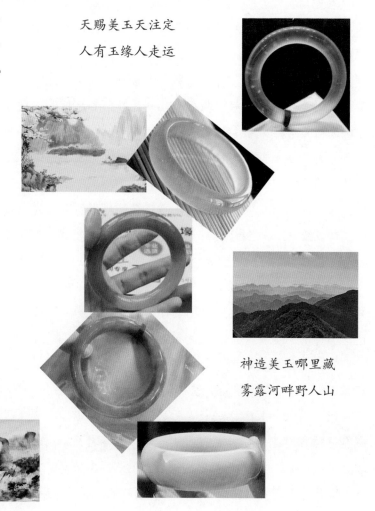

天赐美玉天注定
人有玉缘人走运

神造美玉哪里藏
雾露河畔野人山

156

2. 龙种赞

云遮雾罩珠峰山，
龙种朦朦放荧光；
万璞玉中一龙凤，
千支粉黛一芬芳。

种是翡翠的质地，
就像所有物品都有质地一样。

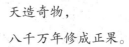

天造奇物，
八千万年修成正果。

水墨画构图的三空：天空、云空、水空。空而有物，灵性之光。
水墨画意境的三远：平远、高远、深远。清疏淡雅，心驰神往。

157

3. 玻璃种赞

不见玉泉清如洗
哪知净心天地宽

集天地灵气化为种底
采日月精华酿成水色

清澈透亮
真心可鉴

冥冥之中你已存在
缘起之时终放光彩

4. 冰种赞一

喜马拉雅上苍天
冰清玉洁满人间

是谁带来远古的呼唤
是谁留下千年的祈盼

种老就是种好，

种好就说种老；

种老成矿较晚，

反而不是较早。

5. 冰种赞二

江山如画美人如画
冰种漂花自然漂花

冰肌玉肤贵气

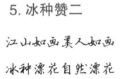

冰清玉骨傲气

冰漂花，冰漂花，

一漂漂到情人家；

前世情缘今生遇，

哥哥是玉妹是花。

6. 糯种赞一

千年传统审美，
就是珠圆玉润。
透与不透凝神，
似与不似
迷魂。

窈窕女子
温文雅静

谦谦君子
温润如玉

糯种细腻柔顺，刚柔并济圆润。

7. 糯种赞二

万物亘古皆润泽，
人情百年依和顺。

糯种的色彩最柔和
故而不可阻挡

也许是眷顾，情感里柔和最多。
也许是巧合，翡翠中糯种不少。

糯种的润泽最亲情
因而流传千年

8. 白底青赞

春的另类美丽

洁白点缀翠绿，让绿惹人怜爱
严冬露出春色，万物即将苏醒
活力四射是影响，生机勃勃是气场

白雪皑皑寒如冰，
几许春意绿殷殷；
借问惜者何处有，
霞客独指白底青。

9. 种老赞一

种老光高多神秘
浓墨淡彩总相宜

女娲补天
留一块五彩玉，
雪芹叹世
种一支绛珠草。

土地是母亲，
种质也是母亲；
土地肥沃长出万物，
种质紧密长出美丽。

10. 种老赞二

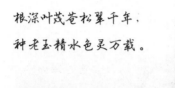

根深叶茂苍松翠千年,
种老玉精水色吴万载。

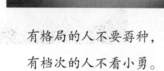

有格局的人不要孬种,
有档次的人不看小勇。

有格局的人只要英雄,
有档次的人只看飞龙。

人要看种,
　有种才是英雄好汉;
玉也看种,
　有种才有水色底光。

水美赞歌（10）

1. 江南写意

日出江花红胜火，
春来江水绿如蓝，
能不忆江南？

《忆江南》唐．白居易

水气迷离，
泼墨写意；
清雅空灵，
万籁寂静。

水是翡翠特有的、
以透明度为前提的、
综合的光学效应。
水灵灵，水汪汪，
人见人爱没商量。

2. 孤帆远影

孤帆远影碧空尽，唯见长江天际流。

《黄鹤楼送孟浩然之广陵》唐·李白

遥远，空阔，
那是灵魂对自由的梦。

淡彩浸透纸背，水色融为一体。

水灵灵，水汪汪，
就像漂亮的小姑娘。

163

3. 松间明月

明月松间照，清泉石上流。

《山居秋暝》唐·王维

　　自然美不是景色本身的客观存在，而是人们心目中显现出的这种客观存在美的意象世界。

水头足的翡翠起了荧光，
与慢镜头下的清泉
竟然如此地相像，
这就是大自然。

看不透摸不准，
给人以神秘感，
使人浮想联翩，
憧憬诱人的未知。

4. 水鸟清波

山光悦鸟性，潭影空人心。

《题破山寺后禅院》唐·常建

落墨于云水间，
随意随形，浓淡自如，舒展自由。

有水浪打浪，姑娘好模样。

无水像油画，
有水就像彩墨画。

5. 荷塘微醉

玉露凌寒万壑空，洞庭秋水醉芙蓉。

《题画》明·吴孺子

醉是一种极为舒服的状态，多为美，少为酒。

那淡淡的远山秋水，迷朦，但有芙蓉。

无水干巴巴
有水美如花

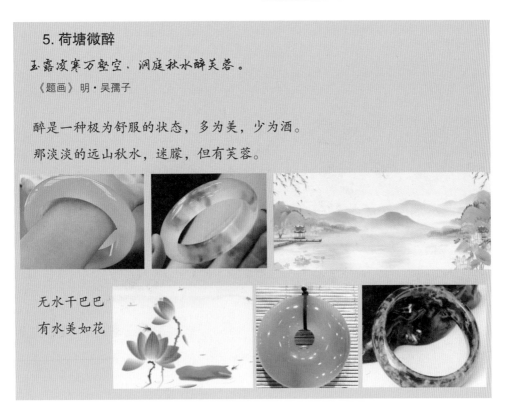

6. 水色交融

竹外桃花三两枝，春江水暖鸭先知。

《惠崇春江晚景》宋·苏轼

水中有色，色中有水，
水色交融，大美无穷。

玉的灵气，在水头，人的灵气，在智慧。

"五百里滇池奔来眼底，喜茫茫空阔无边"

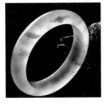

7. 云水自闲

天平山上白云泉，云自无心水自闲。

《白云泉》唐·白居易

三远：平远、深远、高远。

天地悠悠，
空纳万景。
若有若无，
万籁寂静。

云水之间心有万般天地

只是因为在
人群中多看了你一眼
再也没能忘掉你容颜

《传奇》

8. 花落流水

花自飘零水自流。一种相思，两处闲愁。

《一剪梅·红藕香残玉簟秋》宋·李清照

龙到处有水，
水到处有魂。

山有多高水有多高，
种有多好水有多好。

水头长，情意长，
好比姐姐头发长。

9. 大美无言

远看山有色，近听水无声。

《画》唐·王维

水养万物玉养人，
气养精血静养神。

玉有水，人有灵，
人玉感应通心灵。

不动而在流淌，
不言却有大美，
这就是
气场。

10. 长想思

绿水波平花烂漫。照影红妆，步转垂杨岸。

《蝶恋花·绿水波平花烂漫》宋·张先

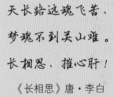

天长路远魂飞苦，
梦魂不到关山难。
长相思，摧心肝！

《长相思》唐·李白

三空：水空、云空、天空。三灵：水灵、梦灵、魂灵。

色美赞歌（30首）

1. 绿色赞

绿色的森林给人希望，
绿色的草原给人宽广；
绿色的青春给人朝阳，
绿色的群山给人力量。

人中龙凤色中王，帝王绿要浓艳阳。

秧苗绿，瓜皮绿，
苹果绿，浓阳绿，
金丝绿，甜甜绿，
最美不过帝王绿。

色辣就是色浓艳，
色辣的翡翠很少见。

2.甜蜜蜜

甜蜜蜜，你笑得甜蜜蜜，好像花儿开在春风里。《甜蜜蜜》

梦里梦里见过你，甜蜜笑得多甜蜜。《甜蜜蜜》

天地灵气千万年，一朝与您结玉缘。

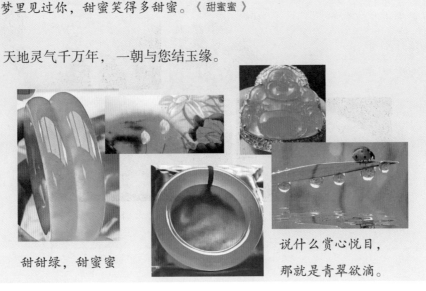

甜甜绿，甜蜜蜜

说什么赏心悦目，
那就是青翠欲滴。

3.绿色梦想

遥望洞庭山水翠，白银盘里一青螺。

《望洞庭》唐·刘禹锡

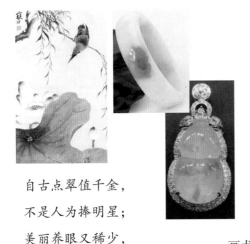

自古点翠值千金，
不是人为捧明星；
美丽养眼又稀少，
绿色天生得人心。

画龙点睛，神来之笔有焦点，出主题
点翠值千金，一笑值千金。

169

4. 山间铃响

清清河水流不完

鲜花开满山

重重青山望不断啊

马帮行路难

《山间铃响马帮来》

偏蓝艳，偏黄甜，玉中美色很少见。

一分绿色十分价，　　　　有了你生命完整得刚好，

片片绿色飞天下。　　　　小酒窝长睫毛，迷人得无可救药。

5. 天堂

蓝蓝的天空，清清的湖水，绿绿的草原，这是我的家。《天堂》

看似一幅画

听像一首歌

人生境界真善美

这里已包括

《小城故事》

生命在绿色，玉价在绿色。

翡翠翡翠，以翠为贵。

找一个地方，清静，清平，轻松。找一种颜色，养眼，养神，养心。

6. 美丽的地方

密密的寨子紧紧相连，那弯弯的江水绿波荡漾。《有一个美丽的地方》

大自然中，绿色而又能放光的，除了极光，或许只有翡翠。

绿是生命是希望，　　　　　　　　　　绿满青山春满楼，

水似年华浪打浪，　　　　　　　　　　一江碧水轻轻流。

7. 采莲

逢郎欲语低头笑，

碧玉搔头落水中。

《采莲曲》唐·白居易

绿水清清人人爱，　　　　　　翡翠体现的自然本性之美，

送只翠镯姑娘戴。　　　　　　就是"诗和远方"的境界之美。

8. 我愿为莲

我愿为莲，我盈盈的笑语，

是涟涟碧波心里的招摇，牵引着迷离的水草，

随时光快意的轻吟沉眠。当代·席慕蓉《我愿为莲》

顶级玻璃种漂绿花，起光极好，波光？时光？随你畅想……

那是自由的灵魂，
在遥远的梦里清晰。

漂浮不定的思绪，
从未有如此地随意。

9. 人面桃花

去年今日此门中，人面桃花相映红。

《题都城南庄》唐·崔护

牡丹红，珊瑚红，一生精彩很火红。　　　哥是人中一飞龙，妹是花中一朵红。

有了你生命完整得刚好

小酒窝长睫毛

迷人得无可救药

　《小酒窝》

172

10. 春水拍山

山桃红花满上头，蜀江春水拍山流。

花红易衰似郎意，水流无限似侬愁。

《竹枝词·山桃红花满上头》唐·刘禹锡

鸿运当头，

一生不愁。

此情无计可消除，才下眉头，

却上心头。

《一剪梅·红藕香残玉簟秋》宋·李清照

天涯何处无芳草，……

多情却被无情恼。

《蝶恋花·春景》宋·苏轼

11. 秋满山林

碧云天，黄叶地，秋色连波，波上寒烟翠。

《苏幕遮》宋·范仲淹

一年好景君须记，

最是橙黄橘绿时。

《赠刘景文》宋·苏轼

金子为什么是黄色？因为秋天是收获的季节。

洒金黄，金丝黄，夹金丝，冰糖王。

"冲天香阵透长安，

满城尽带黄金甲"

173

12. 郁金香

亭亭玉立黄金瓣，
阳春三月郁金香。

金色的郁金香含苞欲放，
征途上充满收获的希望。

兰陵美酒郁金香，
玉腕戴来翡翠光。

浓艳的郁金香一支独放，
星座里幸运星把你照亮。

13. 紫气东来

紫气东来龙卷风，仙风道骨一老翁；
贵人贵气格局大，五千名言留华中！

贵是精神与气质，无关财富。
玉是肌肤与美丽，有关神秘。

贵人、贵相、贵气。
玉人、玉相、玉气。

贵带有气节、
气势、气场。
贵令人礼敬、
尊敬、崇敬。

14. 高光时刻

黄四娘家花满蹊，千朵万朵压枝低。

《江畔独步寻花》唐·杜甫

紫色高贵，翡翠光泽华丽，华丽而高贵。

浓艳的紫色，高光的时刻
紫罗兰，紫罗兰，花开富贵大吉祥！

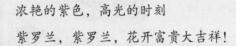
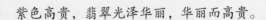

15. 少女的心

少女的心，秋天的云，望不断秋水滚滚，看不透水上浮萍。《少女的心》

昨夜雨疏风骤，浓睡不消残酒

《如梦令》宋·李清照

莫道不销魂，
帘卷西风，
人比黄花瘦。

《醉花阴·薄雾浓云愁永恒》

宋·李清照

175

16. 思念

陌生的路途中，点亮我的心房，你脸上，羞涩泛起红红的光。《思念》

"曾梦想仗剑走天涯，
看一看这世界的繁华"

"因为梦见你离开，
我从哭泣中醒来"

紫春手镯戴上她，
一枝春花带回家。

欲把春色比春花，
万紫千红总是她。

17. 蓝花楹

蓝紫色的蓝花楹，盛夏的清凉，满天遍地，带给您神清气爽！

爱上一朵花就陪它绽放，爱上一个人就伴着她成长。《一人一花》

只要快乐心态，青春就会常在。

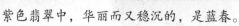

紫色翡翠中，华丽而又稳沉的，是蓝春。

18. 瓷语青花

天青色等烟雨，而我在等你，月色被打捞起，晕开了结局。《青花瓷》

你的美一缕飘散，

去到我去不了的地方。

《青花瓷》

在泼墨山水画里，

你从墨色深处被隐去。

《青花瓷》

青花蓝，青花瓷，千古流芳有颜值。

19. 梦之蓝

这里是远航的港湾，这里有梦想起航。

那里可以自由飞翔，那里是梦幻的天堂。

天蓝蓝海蓝蓝，

海天一色梦之蓝。

天边飘过故乡的云，

它不停地向我召唤。《故乡的云》

20. 仙湖蓝

蓝色的湖水是你的眼神，
明眸清澈得摄魂！

轻风拂面，
平静、宁静、心静。

仙湖蓝，静静的蓝，
连微风也听不到一丝声响。

思绪掠过，
水乡、故乡、梦乡。

21. 天作地造

是谁带来远古的呼唤，
是谁留下千年的祈盼。

《青藏高原》

珠穆朗玛蓝
喜马拉雅蓝
冰川蓝

世界屋脊之上珠穆朗玛雄起，
喜马拉雅之下翡翠地宫秘藏。

喜马拉雅世界屋脊，
缅甸翡翠全球唯一。

天作地造并非偶然，
同源同宗崇敬自然。

冰川和翡翠同根，
冰川蓝和翡翠蓝同生。

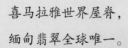

22. 神奇变幻

他冷静而闪灼智慧，

那是执着的性格使然；

他会从内心发出魅力的光，

那是生命的力量。

乌金一样，黑得发亮，给你高贵的稳重感。

自古都说黑如墨，

哪有墨会变颜色。

如今世间出奇宝，

墨变绿来绿变墨。

他变彩，是你把他照亮，他便倾情把内心给你看看。

23. 黑色定力

他独立，稳如泰山，他也可以陪衬，形形色色因他的陪衬而放光。

乌鸡种，乌鸡花，

浓墨重彩走千家。

黑马黑熊黑牡丹，事业有成者的最爱。

黑色是七彩的聚合，深邃而包罗万象。

179

24. 太极乾坤

黑白两太极，龙凤两相依；
天地冥冥间，万物有缘起。

道生一，一生二，
二生三，三生万物。

《道德经》春秋·老子

龙凤种，
龙凤花，
龙飞凤舞
行天下。

熊猫种，
熊猫花，
憨态可掬
走万家。

两极相依的美，是一种理趣的美。

25. 花的怜爱

露浓花瘦，薄汗轻衣透。见客入来，袜刬金钗溜。
和羞走，倚门回首，却把青梅嗅。

《点绛唇》宋·李清照

"化作露珠花上醉，长相伴，不离散"

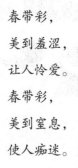

春带彩，
美到羞涩，
让人怜爱。
春带彩，
美到窒息，
使人痴迷。

美学升华了的意象世界，能为我们打开更悠远的审美空间。

26. 人面如花

去年今日此门中，
人面桃花相映红。
人面不知何处去，
桃花依旧笑春风。

《题都城南庄》唐·崔护

照影自惊还自惜，
西施原住苎萝村。

《芙蓉》清·郑板桥

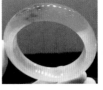

接天莲叶无穷碧，
映日荷花别样红。

《晓出净慈寺送林子方》
宋·杨万里

春带彩，带进春意朦胧。
春带彩，带进万紫千红。

27. 鸟鸣柳翠

两个黄鹂鸣翠柳，
一行白鹭上青天。

《绝句》唐·杜甫

黄翡绿翠两全其美
翡翠绝配福寿双全

两情若是久长时，
又岂在朝朝暮暮。

《纤云弄巧》宋·秦观

春的绝配，
开拓了无限美妙的意境。

181

28. 春天来了

迎春花黄柳条绿，春风轻拂溪水碧。
杏眼桃腮春心动，忽过一帘暖细雨。

黄夹绿，你的色彩是春的诗篇。
黄夹绿，你的色彩是心的旋律。
黄夹绿，你为我，
赢得了誉满天下的美名。

我每天睡不着，想念你的微笑，你不知道你对我多么重要。《小酒窝》林俊杰

29. 理还乱

金丝种，金丝玉，
金丝缠玉不分离。

金丝、情丝、理还乱，
柔情、恋情、情不断。

金丝缠身，富贵一生
金丝闪亮，一生漂亮

绿色以丝状或细条状分布，珍稀品种，极为罕见，
形成另一种审美意象。

30. 藤缠树

世上只有藤缠树，

世上哪有树缠藤；

青藤若是不缠树，

枉过一春又一春。

《刘三姐》

蝴蝶飞来采花蜜

阿妹梳头为哪桩

《五朵金花》

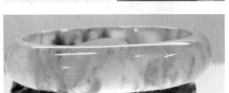

竹子当收你不收，笋子当留你不留；绣球当捡你不捡，空留两手捡忧愁。

《刘三姐》

内在美赞歌（10首）

1.惊艳时刻

是谁送你来到我身边，
是那圆圆的明月，明月，
是那潺潺的山泉，山泉。

《天竺少女》

掀起了你的盖头来，
让我来看看你的脸。

《掀起你的盖头来》

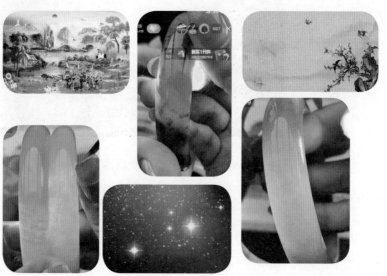

天边有一对双星，
那是我梦中的眼睛。

《天边》

玉中美景千千万
打灯让你看一看

翡翠美的新天地，
审美又有新乐趣。

2. 柳暗花明

美丽藏在最里边，不见真人不露面。

千呼万唤始出来，犹抱琵琶半遮面。

《琵琶行》唐·白居易

玉中美人万万千，
藏在深闺欲飞天。

似山似水似梦幻，
画里画外无限看。

3. 艳摄魂魄

有一种美丽无法说明，
因为她直穿心底；
她的美艳追魂，你信不信，
问自己。

秋风送爽云送月
月下美人香不绝

灯下紫色翡翠的美艳，
属于你的唯一；
天造奇物，
珍惜。

夜来幽梦忽还乡，小轩窗，正梳妆。

《江城子·乙卯正月二十日夜记梦》宋·苏轼

185

4. 春天映像

明美美得亮眼睛，暗美美得动春心。

春眠不觉晓，处处闻啼鸟。
夜来风雨声，花落知多少。

《春晓》唐·孟浩然

似水中，似雾中，
恰似一弯明月挂空中。

梨花淡白柳深青，
柳絮飞时花满城。

《东栏梨花》宋·苏轼

5. 水天一色

水与天一色，人与玉一体。

大理三月好风光
蝴蝶泉边好梳妆

《五朵金花》

行到水穷处，坐看云起时。

《终南别业》唐·王维

我见青山多妩媚，
料青山见我应如是。

《贺新郎·甚矣吾衰矣》宋·辛弃疾

远山近水两茫茫
雾中摇来一只船

我看翡翠多喜欢，
料翡翠看我也一样。

6. 收获季节

秋天是收获，是金黄色的。金子是财富，是金黄色的。

满池锦鲤满池游，
年年有余财不愁。

丹枫万叶碧云边，
黄花千点幽岩下。

《踏莎行·秋入云山》宋·张抡

大雁掠过万重山，
秋风千里染金黄。

洒金黄，似彩霞，
山山水水黄金甲。

7. 灯影畅想

透射光下的奇异，幻化出大自然的另一番美意。

春风又绿春江岸
春意染绿杏花墙

一叶知秋深
一言定乾坤

倒影依依青山在，
雁影猎猎云空外。

8. 灯影梦乡

莫不是昨夜，梦游了仙境？

青山翠竹影婆娑
一江春水荡绿波

人生得意多春风
浓墨重彩深情中

夜来幽梦忽还乡，

小轩窗，正梳妆。

《江城子·乙卯正月二十日夜记梦》宋·苏轼

9. 灯影花语

莫道不销魂，
帘卷西风，
人比黄花瘦。

《醉花阴》
宋·李清照

午醉醒来愁未醒，
云破月来花弄影。

《天仙子》宋·张先

相见时难别亦难，
东风无力百花残

《无题》唐·李商隐

此情无计可消除，
才下眉头，却上心头。

《一剪梅》宋·李清照

10. 情寄山水

翡翠是山是水，游山玩水令人陶醉。

清水水，蓝花花，
依山伴水有人家。

奇山怪石绕轻岚，
五彩云落红紫黄。

山重水复疑无路，
柳暗花明又一村。
《游山西村》宋·陆游

我像那戴着露珠的花瓣，花瓣，
甜甜地把你，把你依恋，依恋。
《天竺少女》

189

戴玉镯美赞歌（10首）

1. 源远流长

中国女性爱戴玉镯，六千年流淌像条玉河。

最早的玉镯：距今6000年
红山文化牛河梁遗址出土。

感觉了吗？
戴翡翠的女人更有女人味！

手镯一支，
玉多彩，人多姿。

八千万年采日月精华，
一支手镯集天地灵气。

2.平安是福（平安镯）

一支手镯，给你快活，快活快乐，就是生活！
手镯一支，乐不可支，不是花痴，胜似花痴。

等闲识得东风面，
万紫千红总是春。
《春日》宋·朱熹

翠镯戴一戴，快乐来得快。

3.温暖贴心（平安镯）

美感有普遍性，人类才有鲜活灵动的生活。

金风玉露一相逢，
便胜却人间无数。
《鹊桥仙·纤云弄巧》宋·秦观

贴手贴心，
体贴温馨。

戴上扁框，一生喜欢；扁框贴手，财随我走。
内圆外方，大道之纲；内涵深厚，文化悠久。

191

4. 大气大方（宽板镯）

宽阔抢眼，大气大方，水色如画，美人如画。

宽板宽板，另有美感；
戴上宽板，柔中有刚；
戴上宽板，落落大方。

戴上宽"轮胎"，
距离马上就拉开。

戴上手镯扭扭腰，
回头率很高。

5. 婀娜多姿（叮当镯）

一生有缘，双喜临门；三生有幸，四季平安。

细若春心，秀若柳眉；
巧镯可人，巧人可爱。

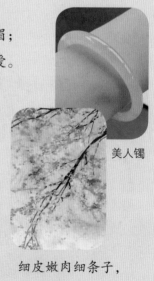

叮当镯

美人镯

细条镯

天籁之音常叮当，
玉声心声轻远扬。

细皮嫩肉细条子，
小家碧玉靓妹子。

192

6. 雍容富态（粗条镯）

这支镯子气场大，姐姐的格局拿得下。　　　　戴玉美女有定力，
　　　　　　　　　　　　　　　　　　　　　气场通达十几里！

落尽残红始吐芳，
佳名唤作百花玉。
竞夸天下无双艳，
独立人间第一香。

《牡丹》唐·皮日休

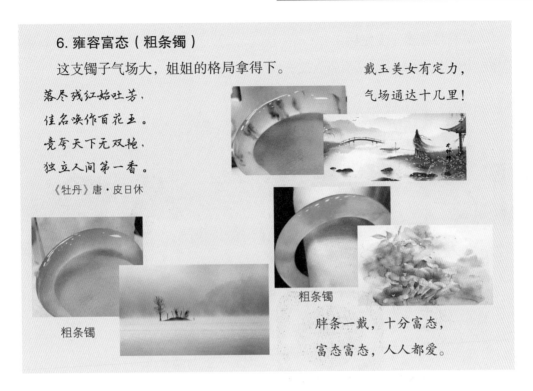

粗条镯

粗条镯

胖条一戴，十分富态，
富态富态，人人都爱。

7. 窈窕淑女（细条镯）

美和美感照亮世界。

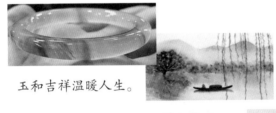

一顾倾人城，再顾倾人国。
宁不知倾城与倾国，
佳人难再得。

《李延年歌》汉·李延年

玉和吉祥温暖人生。

人养玉三年，玉养人一生。

玉养人，自然眷顾你。

8. 矜持高贵（贵妃镯）

贵妃圈，贵妃圈，必有贵人把手牵。

玉女乘鸾下绛霄，梨云漠漠带香飘。

明·余善《题顾玉山淡香亭》

量身定制，上腕雅致；

纤纤玉手，郎随你走。

皮肤细，很秀气，

横戴直戴都满意。

9. 美丽自信

带上手镯有惊喜，这份惊喜属于你。

戴上手镯照镜子，

你会爱玉一辈子。

不管高调低调，

心中都很美妙。

人有档次玉有档次，

脸上写着"得意"二字。

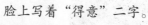

194

10. 气质优雅

试一试，发现你的美丽，戴一戴，改变你的世界！

只要在人海中看见一眼，
就会把你牢牢记在心间。

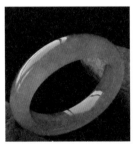

戴着它参加宴会，
显然你心情陶醉。

戴上这支镯子，
一看就有气质。

综合美赞歌（44首）

1. 美神伴侣

翡翠为啥很耐看？
有水有色有梦幻；
天地灵气日月精，
美神飞来亲作伴！

掬水远湿岸边袍，
红绡缕中玉钏光。
《偶题》唐·刘言史

我不美，是翡翠美，
翡翠美了人才美。

应是天仙狂醉，
乱把白云揉碎。
《清平乐·画堂晨起》唐·李白

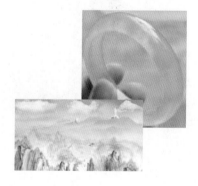

泉眼无声惜细流，
树阴照水爱晴柔。
《小池》宋·杨万里

196

2. 山花清泉

高层次美感包含：一种优美的感觉，一种崇高的感觉。

唯美，灵魂可以舒畅。

不知名的小花，开满了高原的山岗，

湛蓝的天空上，白云也留下脚步，

静静地欣赏……

静静地，像一汪清泉，

倒映着翠绿的树影，

水波不惊，轻轻地流淌……

3. 月色荧光

月亮是个好东西，月亮引起的美感，征服了人类几千年！咏月的诗如潮，歌如海。

花间一壶酒，
独酌无相亲。
举杯邀明月，
对影成三人。
《月下独酌四首·其一》唐·李白

遇见你，
就像深秋遇见了
一轮明月。

月亮睡了你不睡，陪我一起赏翡翠。

4. 月色美人

月色引发的情感，美丽无限，可以幻化任何梦中的情人。

种水色底工光瑕，月下美人雾中花。

月下美人灯下影，
花前暗香窗前景。
千里银色共此时，
一缕兰馨伴浮云。

月亮出来亮汪汪
想起我的阿哥在深山
哥像月亮天上走
山下小河淌水清悠悠

《小河淌水》

5. 月色遥想

月色引发的情思，朦胧迷离，可以构筑任何虚实变幻的意境。

遥远夜空
有一个弯弯的月亮
弯弯的月亮下面
是那弯弯的小桥
小桥的旁边
......

《弯弯的月亮》

以虚见实，
无画处皆成妙像。

无言独上西楼，月如钩。
寂寞梧桐深院锁清秋。

《相见欢》五代·李煜

6. 蓝花娇艳

艺术作品都有自己的风格,体现着艺术家个人特有的审美观念、情趣和水平。

对玉的爱是海,喜欢是海啸;而女人,是小岛。

对玉的爱是天,喜欢是风暴;而女人,是小鸟。

彩云追月风轻轻,
芙蓉出水波粼粼。

飘花飘到灵魂深处,就像彩墨画那样舒服。

7. 春到伊洛瓦底江

美丽来自伊洛瓦底江那遥远的源头。

真正的美丽能承受反复,越反复越爱之弥深,越能品味出更多的东西。

女人戴玉美丽,
男人戴玉大气。

翡翠恒久远,
一件永留传。

愿得一翠一心仪,
伴我白首不相离。

8. 绿满江南

翡翠和水墨画让人产生的意象，以另一种真实，鲜活地存在于我们的精神世界里。

人玉有缘，
相伴百年。

涉江采芙蓉，兰泽多芳草。
采之欲遗谁，所思在远道。

《涉江采芙蓉》汉·佚名

9. 戴玉美女三回头

戴玉美女一回头，百花仙子也发愁。
戴玉美女二回头，千姿百态绕指柔。
戴玉美女三回头，人美玉美月如钩。

岭南荔枝超耐看，
千人万人都看上。

等闲识得东风面，
万紫千红总是春。

《春日》宋·朱熹

200

10. 猜猜四大美女

一条溪水流不息，
百条千条皆沉鱼。

犹抱琵琶半遮面，
茫茫雪海落飞雁。

轻衫凝脂玉容华，
满园牡丹羞答答。

美人点香香不灭，
秋风送云云遮月。

11. 国色天香

若审美表达与交流带有神秘与狂喜色彩，则极富感染力。

花自飘零水自流。
一种相思，两处闲愁。
《一剪梅》宋·李清照

国色朝酣酒，天香夜染衣。
丹景春醉客，明月问归期。
《牡丹诗》唐·李正封

昨宵神女降云峰，
折得花枝洒碧空。
郑板桥《无根兰花》题

12. 温润仁泽

玉是冰冷的。为什么看上去会有温润的感觉呢?

翡翠佳名世共稀,
玉堂高下巧相宜。

《帘二首》唐·罗隐

自我完全迷醉于客体,
情景交融,物我一体。

意象世界,
这个真实但却隐蔽得
难以捉摸的世界,
被美学揭示。

要一直一直,一直想着你喜欢的镯子,
于是你的病就好了。

13. 冰雪世界(絮状棉)

空则灵气飞舞,实则精力弥满。小则一片雪花,大则山舞银色。

白雪却嫌春色晚,
故穿庭树作飞花。

《春雪》唐·韩愈

冰雪世界

南极暴风雪,冰清玉洁

当你与翡翠融为一体,
欣赏翡翠就是欣赏自己。

14. 瑞雪呈祥（雪花棉）

自古瑞雪兆丰年，

十年难遇雪花棉。

创作者与他的作品，

欣赏者与诗、画、乐、舞融为一体。

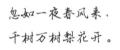

燕山雪花大如席。

片片吹落轩辕台。

《北风行》唐·李白

欲渡黄河冰塞川，将登太行雪满山。

《行路难·其一》唐·李白

15. 雪花争春（点状棉带色）

先前只是丑小鸭，后来长成白天鹅。

忽如一夜春风来，

千树万树梨花开。

《白雪歌送武判官归京》唐·岑参

玉容寂寞泪阑干，

梨花一枝春带雨。

《长恨歌》唐·白居易

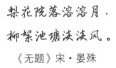

梨花院落溶溶月，

柳絮池塘淡淡风。

《无题》宋·晏殊

16. 满天星斗（点状棉）

自我肯定，自我存在的欢愉，超越时空地域，是一种拥有巨大价值的体验。

满天星、银河系，大格局

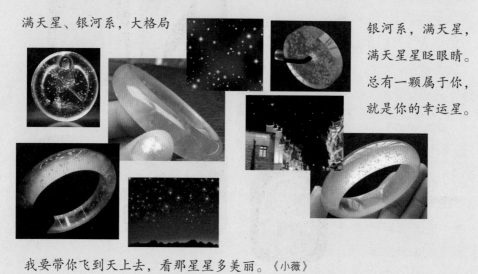

银河系，满天星，

满天星星眨眼睛。

总有一颗属于你，

就是你的幸运星。

我要带你飞到天上去，看那星星多美丽。《小薇》

17. 情满青山

其实，对翡翠的情感就是对大自然的情感。

如松岩点黛，

蔼郁而起朝云。

飞泉漱玉，涵散而成暮雨。

《书后品》唐·李嗣真

情感不需要理由，

只需要对象，

却不一定拥有。

情感很需要宣泄，到处寻找对象，

尤其是一旦拥有。

18. 类型

人分类型，玉也分类型。物以类聚，玉以群分。

清凉型，火辣型，温柔型，品位型，保值型，收藏型。

飞流直下三千尺，

疑是银河落九天。

《望庐山瀑布》唐·李白

数不尽青山叠嶂，望不断源远流长。

鬼斧神工挥洒出惬意、舒展、朦胧的东方韵味。

19. 风格

人表现出风格，玉也表现出风格。小鸟风，甜甜风，迷你风，香香风，煽情风，气质风。

衣带渐宽终不悔，为伊消得人憔悴。《蝶恋花》宋·柳永

此情可待成追忆，只是当时已惘然。《锦瑟》唐·李商隐

诗的意境，

是人性的永恒证明，

故可千古流传。

风格独特，

印象深刻。

20. 个性

人有个性，玉也有个性。

戴出你的个性，你就是美的女性！

人逢好玉财运来，
天赐瑰宝富三代。

个性天生磁场，磁场派生气场；
气场感染情场，让你人财两旺。

你不一般，
你像天使一般。

21. 感觉

晶莹感，灵动感，深远感，
丝绸感，柔顺感，灵魂感，
冷光感，温润感、浪漫感。

感觉是
对胃口的直觉，
无需理由
就凭眼缘。

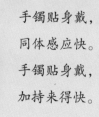

世上都说翡翠好，
戴上果然美极了；
世上都说玉招财，
戴上财源滚滚来。

手镯贴身戴，
同体感应快。
手镯贴身戴，
加持来得快。

22. 看点

翡翠讲究气韵生动、心领神会，产生共鸣交流。人要有看点，玉也要有看点。

越看越耐看，看出好品相。

越看越好看，就是不一样。

盯着看点不放，
看得心中荡漾。

生活中的奥秘就像山泉，弯而长，需要探索。

23. 唯美

唯美，水嫩美，纯情美，自然美，

大美，惊艳美，流行美，古典美，

天生丽质，美轮美奂，美不胜收。

唯美追求单纯的美感，
唯美只问情感是否愉悦。

您有过美感的"高峰
体验"吗？
唯美空灵，
但美感真实。

高峰体验一词是对人的最美好时刻，生活中最幸福的时刻，是对心醉神迷、销魂、狂喜以及极乐的体验的概括。

——马斯洛

207

24. 百花争艳

翡翠的六大色系，呈现出极为丰富的色彩。世上没有完全相同的两件翡翠，就像没有完全相同的两个人一样。

种水又好色又辣，女人怎能没想法？
又漂亮来又神奇，哪个女人不着迷？

红翡绿翠，花样年岁。

黄四娘家花满蹊，千朵万朵压枝低。
留连戏蝶时时舞，自在娇莺恰恰啼。

《江畔独步寻花·其六》唐·杜甫

25. 品味人生

审美态度是人人天生就拥有的港湾，美之船可以从这里扬帆远航。

美之船是人人都能自己打造的模样，值得品味的人生必定有美丽作伴。

欲把西湖比西子，淡妆浓抹总相宜。

《饮湖上初晴后雨》宋·苏轼

酒逢知己越喝越香，
玉逢佳人越戴越靓！

欲把美玉比美女，
色淡色浓总相宜。

26. 蓝天碧水

蓝色的天空，蓝色的海洋，蓝色的星球，蓝色的陪伴。

如蓝天高远，像碧水清澈，此玉无色胜有色！蓝天碧水永远心旷神怡。

戴玉能带
来美丽，
美丽能带
来惊喜！

看玉要有角度，有角度才有深度，

有深度才有高度，有了高度，钱才有了去处。

27. 一江春水

"三远"是水墨画的奥秘，可以使人悟出画外之画、境外之境，此乃妙境。

问君能有几多愁？
恰似一江春水向东流。

《虞美人》五代·李煜

 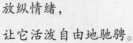

放纵情绪，
让它活泼自由地驰骋。

让玉陪伴你，
把忧愁化为一江春水，
淡淡地，向东，远远地，流去……

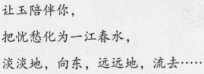 

28. 人生故事

巧逢巧遇，人间无巧不成书！有情有爱，世上有玉皆成缘！

看似一幅画

听像一首歌

人生境界真善美

这里已包括

　　《小城故事》

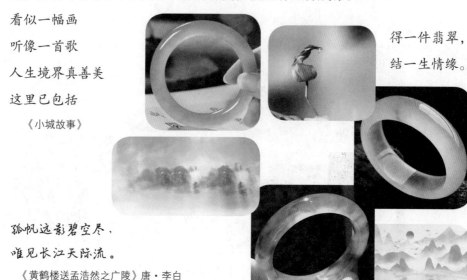

得一件翡翠，

结一生情缘。

孤帆远影碧空尽，

唯见长江天际流。

《黄鹤楼送孟浩然之广陵》唐·李白

29. 相见恨晚

姐姐寻宝夜不眠，通灵宝玉在眼前。

在哪里

在哪里见过你

你的笑容这样熟悉

我一时想不起

啊……在梦里

天生丽质必有用，

千金一笑还复来！

兰陵美酒郁金香，

玉碗盛来琥珀光。

《留客中行》唐·李白

风韵长存，美玉追魂，

一镯在手，风情万种。

《甜蜜蜜》

30. 青春色彩

为什么那么绿？绿得散发着清新的香气。呵呵，
是春雨洗淋过的青山，让人着迷。

仿佛金紫色，
分明冰玉容。

《梦裴相公》
唐·白居易

一抹朝霞，穿过了郁金香的花瓣，那神奇的紫色，
又把我带进了，青春的梦乡……

青山育生命，
青春涌绿色。

31. 天籁之音

将"形"的外在美感，通过欣赏的情感和审美的渗透转化为"神韵"。
轻敲翡翠手镯，便可听到清远、缥缈的天籁之音。

清澈的小溪静静地流淌，
水草摇曳飘荡，小青蛙也在
欢快地歌唱………

海边的月夜幽静，
只有哗哗的海浪声，
暗蓝色的海面上，
波光粼粼……

211

32. 空山鸟语

人的心灵深处潜藏的无形琴弦与画面，

能映射和振动难以名状的思绪。你能拨动她吗？

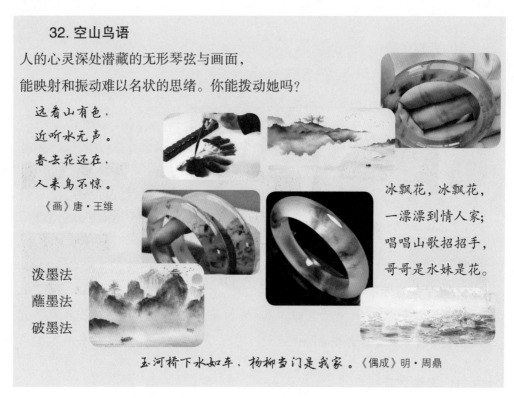

远看山有色，
近听水无声。
春去花还在，
人来鸟不惊。
《画》唐·王维

冰飘花，冰飘花，
一漂漂到情人家；
唱唱山歌招招手，
哥哥是水妹是花。

泼墨法
蘸墨法
破墨法

玉河桥下水如车，杨柳当门是我家。《偶成》明·周鼎

33. 太虚幻境

太虚幻境体现了审美意象的梦幻旖旎之美，虽然以梦境的形式出现。

太虚幻境是青春女儿的真情之境，警幻仙子是美神和爱神，就像维纳丝、丘比特。

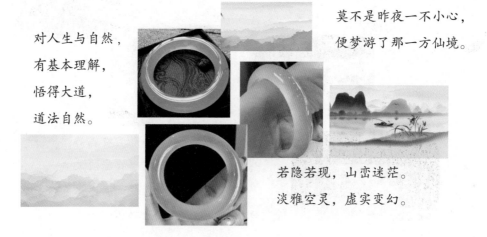

对人生与自然，
有基本理解，
悟得大道，
道法自然。

莫不是昨夜一不小心，
便梦游了那一方仙境。

若隐若现，山峦迷茫。
淡雅空灵，虚实变幻。

34. 淡泊致远

甚至连自己也尚未察觉的细腻情感，都能被翡翠激发而引起共鸣。

两岸猿声啼不住，
轻舟已过万重山。

《早发白帝城》唐·李白

你中有我，我中有你。
相依相伴，缘起蛮荒。

构图巧妙，上下呼应

倒影依依青山在，
一行飞雁碧空来。

35. 巅峰记忆

重彩颜色，高光时刻；
玉华难寻，人生难得。

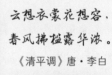

云想衣裳花想容，
春风拂槛露华浓。

《清平调》唐·李白

青春很美丽，
留住她，即使，
即使很不容易。

人生难得一帆风顺，
珍惜几笔浓墨重彩。

欲把西湖比西子，
浓妆淡抹总相宜。

《饮湖上初晴后雨》
宋·苏轼

36. 千万个梦想

据传，翡翠的蓝色有108种：天蓝、海蓝、仙湖蓝、冰川蓝、青花蓝、扎染蓝……

晴空一鹤排云上，
便引诗情到碧霄。

《秋词》唐·刘禹锡

蓝蓝的天空，
清清的湖水，
绿绿的草原，
这是我的家啊……

蓝色，是梦的情人，
她变幻，你去想，
不，去神往……
千万个梦想。

37. 各领风骚

"爱翠情结"是由多角度多层次的审美构成的。

人生得意须尽欢，莫使金樽空对月。
天生我材必有用，千金散尽还复来。

《将进酒·君不见》唐·李白

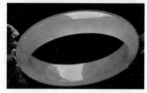

问世间，情是何物，
直教生死相许？

《雁丘词》金·元好问

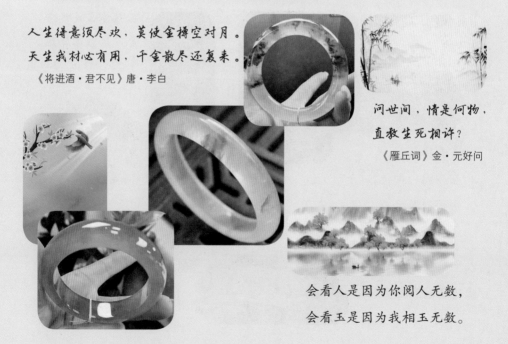

会看人是因为你阅人无数，
会看玉是因为我相玉无数。

38. 淡雅静美

清墨淡彩，带我欣赏翡
翠韵味的朦胧缥缈。

孤帆远影碧空尽，

唯见长江天际流。

《黄鹤楼送孟浩然之广陵》
唐·李白

"孤帆远影"
体现为：

单纯之美，

宁静之美，

淡雅之美。

但肯寻诗便有诗，灵犀一点是吾师。
夕阳芳草寻常物，解用都为绝妙词。

《遣兴》清·袁枚

水墨画构图的平远、高远、深远，尽在虚实之间。

39. 黑色定力

翡翠妙就妙在"似与不似之间"的感觉，意境和心境
相通相融的完美结合。

胸有墨宝志在心得，
独树一帜缘起墨色。

恰似焦墨，黑而发光
苍翠滋润，美不一般

黑得发亮，是因为它有独特的内涵。

40. 春的脚步

当概念的词汇显得干瘪无味时，同构的意境就会大显身手。

"味"是色彩语言，是情绪层面的审美感悟。

水韵诗意，回味无穷；

绿的润泽，玉味无穷。

风前欲劝春光住。

春在城南芳草路。

《玉楼春·风前欲劝春光住》宋·辛弃疾

春天的脚步，来了

春天的气息，浓了

41. 草原神曲

蓝蓝的天空，清清的湖水

绿绿的草原，这是我家啊

《天堂》

此曲只应天上有，

人间能得几回闻。

《赠花卿》唐·杜甫

草原茫茫天地间

洁白的蒙古包

散落在河边

《呼伦贝尔大草原》

我的心爱在天边

天边有一片辽阔的大草原

《呼伦贝尔大草原》

216

42. 好事成双

上有龙凤下有鸳鸯，天造一对地造一双。

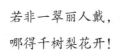

若非一翠丽人戴，

哪得千树梨花开！

身无彩凤双飞翼，

心有灵犀一点通。

《无题》唐·李商隐

赏心悦目多几分春愁，

怜香惜玉添几分醉意！

43. 美人如玉

一支美镯与美人结缘，一种美丽与百花争艳。

绣面芙蓉一笑开。

斜飞宝鸭衬香腮。

眼波才动被人猜。

《浣溪沙·闺情》宋·李清照

人生得一美玉足矣，

斯是当以至爱视之。

男人爱阆苑仙葩，

女人爱美玉无瑕。

44. 柔情如梦

山中有一片晨雾
那是你昨夜的柔情
　《天边》

夜月一帘幽梦，
春风十里柔情。
　《八六子》宋·秦观

这就是爱，
说也说不清楚，
这就是爱，
糊里又糊涂。

　《糊涂的爱》

【小励志】
山歌一唱天连天，摘片云朵把手牵。
莫忘心中翠竹林，村姑也能变诗仙。

218

翡翠**为什么** **这样** 美

分钟
慢话翡翠

漫步八
翡翠的美学价值

在那价值链的顶端

翡翠在闪着光

美的非功利双重性

我们在前面强调过，美、美感和审美是非功利性的。所谓"功利性"，功是指功能、作用；利是指利益、好处。"非功利性"是指作为客体的审美对象，例如，那朵花和那支手镯，在欣赏它们的美和到底有多美的过程中，是不会去考虑它们有什么实用功能，如"那朵花能做药还是做香料""那支手镯是自戴还是送礼"；也不会去考虑它们能带来什么利益和好处，如"它能赚多少钱"。这就是非功利性。因为一旦渗入功利，即使是少许，结果大有可能发生偏向，美也说丑了，丑也说美了，美丑不分，什么愉悦感受，什么前述的一切精神乐园，统统化为乌有。在这个领域里，庄子就提出过要摆脱"物累"，康德则直接说要"无功利"。

但是，一旦审美结束，客体的美被肯定或公认，并被推向市场成为商品，那么，商品有价值，商品所携带的美就必然有价值。如一束鲜花、一支玉镯、一幅画、一部电视剧等，它们的自然美和艺术美都是有价值的。

这时我们发现，一件具有美学特质的客体，就空间而言，在审美对象的空间里无功利性，但在商品价值的空间里有功利性；就时间而言，在前期的审美过程中无功利性，但在后期的销售活动中有功利性。这就是"美"的非功利性与功利性的关系，这种关系可称为美的"功利双重性"。这种双重性在实践中常常瞬间转换，只要一进入商品交换的空间，无论买方还是卖方，上一秒才说美不美、有多美，下一秒就谈论价值几何。当然，纯欣赏者除外，因为纯欣赏者只是在另一个非功利的空间里纯粹地享受。

我们要讨论的，就是当我们的审美对象翡翠作为商品具有功利性，即具有价值时，美在翡翠总价值中的某些规律。

翡翠的价值与价值构成

翡翠的价值

翡翠的价值，是指翡翠在全部珠宝玉石中如果发生交换，其所处的位置或地位，以及在整个消费商品交换中所处的位置或地位。

这里所说的"交换"似乎有以物易物的意思，但其实早就被从远古数贝壳到现在刷手机的货币所替代，以货币作为了交换的中介。不过，商品价值，即人们必然自觉或不自觉地把商品与商品互相对比，以确认其"值不值得"交换的本质属性，并没有改变。所以，翡翠的价值，就是在这种对比中，人们公认并愿出价进行交换的结果。无论是在珠宝玉石中还是在所有消费商品中，把这种对比的结果按高低贵贱顺序排个座次，就出现了位置。翡翠在哪个位置、拥有何种地位，就是翡翠的价值。

每一种珠宝玉石都有自己的价值。由于珠宝玉石是非标准化的奢侈品，所以，每一种珠宝玉石内部都会有品质的差异，因此，其价值至少又分为高、中、低三个档次。我们有关价值的分析，都是用相同的档次来进行比较的。

那么，翡翠的价值如何呢？可以肯定地说，从 20 世纪 90 年代至今的三十多年里，在相同年份，翡翠都处于所有玉石价值链的最顶端，熠熠闪光，没有之一。就算与其他所有消费品及奢侈品，如名表、名包、车子、房子相比，也是高高在上的。

若与宝石中的王者钻石相比，双方单件的高档顶级品，都在上亿元人民币，中高档的也几千万、几百万人民币的都有，可谓并驾齐驱，可见翡翠价值高昂的地位。只是由于东西方文化背景的差异，在中国，翡翠的销量远大于钻石。

除了商品之间互相比较之外，人们常用彼时劳动所得的劳动价值来作比较，这种比较既客观又易于理解，是价值的社会属性，亦是"商品的社会价值"的

重要特征之一。

例如，翡翠的高价值始于清中期。纪昀（纪晓岚）《阅微草堂笔记》卷十六中有说："云南翡翠玉，当时不以玉视之，不过如蓝田干黄，强名以玉耳。今则以珍玩，价远出真玉上矣……盖相距五六十年，物价不同已如此，况隔越数百年乎。"他说的"真玉"指中国人使用了数千年的和田玉。之后约一百年，清末期，即19世纪末到20世纪初，慈禧的贴身女官裕德龄以亲历见闻用英文成书的《御苑兰馨记》《御香缥缈录》中，记有真实的翡翠佩戴人，及具体实物的名称、特征和价格。

兵部尚书荣禄的一支翡翠玻璃种翎管，价值1.3万两白银；御前侍卫善庆的一个翡翠满绿带扣，价值1.2万两白银；军机大臣世续的一个翡翠满绿带扣，价值1万两白银。

这就是清代末期高档翡翠的价格。纪晓岚不是感慨"况隔越数百年乎"吗？这仅仅是在距他之后约一百年左右的时间就出现的结果。别说，他还真有眼光！

朝廷高官拥有的高档翡翠一件1万多两白银到底价值几何？如果把清末社会普通成员的月收入作个对比，将会获得更为明晰的印象。请看如下示例：

北京大学经济史学教授李伯重的研究表明，十九世纪初期，经济较发达的上海（当时称"华娄"）地区，有固定收入的普通士兵（战兵）的月饷为白银2.4两；作为全国收入最高的首都北京，到了清末荣禄等人当政时期，正兵月饷为4.5两，伙夫月饷为3.5两。另外，不少资料表明，清末，北京商店普通店员的月工资是2至3两。士兵是政府发饷，店员是民间发饷，虽然都是社会的中下层成员，但其收入较为稳定，且略高于其他行业的普通劳动者。选择这两种身份的社会成员的月薪作对比，较为恰当。

我们看到，若上述三件高档翡翠的价格粗略计为1万两，同时期社会普通成员的月薪也粗略综合以2~4两计，则高档翡翠价格是普通士兵和职员月工资的2500~5000倍。这个倍率，就是那一时期翡翠社会价值的重要指标。

那么，又过了一百多年到了当代，翡翠在当代的价值又怎么样呢？

众所周知，近十几年来，单件超高档翡翠价值在几千万元到几亿元不等，如手镯、珠链、挂件、小摆件等，其中，尤以手镯为甚，仅在香港的苏富比、佳士得拍卖会和北京的保利拍卖会上，便屡见不鲜，更遑论大众不知的市场单独交易。这类高档翡翠单件我们粗略以 1 亿元计，同时期，一线城市商店员工的月薪若以 5000~8000 元计，则高档翡翠价格是普通员工月薪的 1.2 万 ~2 万倍。这就是高档翡翠在当代的社会商品价值。

用上述同一指标进行比较，即低与低比，高与高比，那么，可得 4~4.8 倍。可见，在近一百多年的时间里，高档翡翠的商品社会价值上涨了 4~4.8 倍。

至此，我们可以看到，从清中期纪晓岚时代翡翠登上高价值地位以来，距今约 230 多年的时间里，翡翠一直保持着高昂的价值和高贵的身份，并且不断上升。这就是翡翠保值与升值的具体表现，大走向、总趋势。

如此看来，"掀起你的盖头来"，除了美的好景象，还有价值的好模样。

翡翠的价值构成

一般讲来，每一种珠宝的价值都会由如下五个方面的因素组成：材料品质价值、美学审美价值、历史文化价值、社会认可价值、学术研究价值。五个因素各有独立的价值内涵而互相区别，但又互相影响而连为一体，共同构成了这种珠宝的总价值，即珠宝的社会价值。作为商品的珠宝，其社会价值当然是要用货币来衡量的，即便是"无价之宝"，也是价值衡量和判断的一个结果。

这五个价值因素在总价值中的分量，即"权重"，无论是同种珠宝内部的比较，还是不同珠宝之间的同一因素，都会有不同表现，导致了珠宝不同的价值。例如，出土文物的珠宝，有的材质是玛瑙，价值不高，或许是高价值材料的和田玉，埋在地下数千年已失去光彩，美感也不高，但却可能成为"镇馆之宝""国宝"，那是因为历史文化与学术研究两个价值因素权重极高的缘故。

又如，即使那些材质较好，致使美感程度较高的珠宝，虽然材质价值和美学价值都有较大的权重，但因为美感是人的心理情感，每个鉴赏者的文化习俗、审美眼光和艺术感知天然存在差异，因此，美学价值对于不同族群或者同一族群中的不同人，也会有较大差别。

223

　　所以，对每一种珠宝的价值构成，都需要"具体珠宝，具体分析"。

　　对翡翠而言，五个价值因素的基本情况如下：

　　学术研究价值。其中，材质研究趋于成熟，与其他玉石的研究程度大体相同；翡翠文化研究在某些方面有所突破。两种研究对市场总价值影响不大，其价值权重一般。

　　历史文化价值。翡翠发展史和个别有历史价值的单件，如慈禧用过的那颗翡翠白菜，是无价之宝；但对市场总价值影响不大，其价值权重很小；但雕件中玉文化的历史传承和当代民俗文化的承载，对翡翠的总价值却有着相当大的影响力，尤其是在中低档雕件中，其价值权重超过材质美的审美权重，价值又很大。

　　社会认可价值。经过改革开放四十多年的市场运作，购销两旺的强力推动，拍卖会对高档、超高档价值的冲击震撼，各种媒体的传播、大中专院校人才的培养，云南旅游市场二十多年来每年上千万游客的熏陶，近些年直播的广泛传播，翡翠的社会认可度和影响力得到了极大的提高，对市场总价值影响很大，其价值权重较大。

　　材料品质价值。翡翠的材料品质，从科学的矿物学、结晶学、物理学、化学、力学、光学等各种性质与指标，到行业的"十字要诀"评估，都十分优秀和成熟，是翡翠总价值坚实的物质基础，其价值权重很大。

　　美学价值。优秀的材质被东方人的聪明才智制成成品后，作为审美对象所呈现的颜色、形状、线条、构图、透视、光泽等美感元素，使几乎所有欣赏者在惊叹之时，都给出了"艳压群芳""美冠天下"的最高赞誉，这是精神层面的另一种真实高度，是珠宝之所以叫"珠宝"的先决条件。所以，其价值权重最大。

　　当然，材质是审美的基础，品质价值是美学价值的根，什么样的根才能开出什么样的花，两者是因果关系，密不可分。两者的价值权重一个"很大"，一个"最大"，共同组成了翡翠总价值中的核心价值。

　　但是，从市场的角度来看，美是首先映入人们眼帘的场景，美感是翡翠高昂价值的第一要素，所以，我们有必要对翡翠美学价值的内涵作一些深入的探讨。

翡翠的美学价值

翡翠的美学价值，是对翡翠自身美的元素、人们审美的过程、以及审美表达的艺术效果三者的综合价值的表述。换言之，当翡翠成为商品时，就是翡翠之美带来的商业价值。

翡翠特殊的美

我们知道，是审美对象的外形条件引发了审美者的情感体验。简单的外形条件与复杂的外形条件各引发的审美体验，将相应地简单或复杂，审美表达的艺术效果也将相应地简单或复杂。下面的例子将证实这个规律。

相对比较简单容易的是宝石类，如钻石、红蓝宝、祖母绿等，因为它们的材质都是单晶体，可以供人观赏的体积很小，绿豆到蚕豆大小，重量用克拉计（1克拉＝0.2克），审美元素的颜色、线条、形状、构图等的变化并不复杂，且以颜色为主，故同种宝石的美感较容易趋同，所以能够制定市场各方都认可的统一标准，并且这些标准的操作性也强。如"宝石之王"的钻石，除极少量罕见的彩钻外，巨量充满市场的都是"白钻"，色彩只有从无色渐变到黄色一个系列，另外的净度、切工和重量都容易操作，所以，1931年，美国宝石学院GIA制定了一套"4C"标准，用以判断其品质与价值，使用至今九十多年，仍在全球通行。同时，钻石以"火彩、耀眼、闪灼"为主要特征的美感较为简单，容易判断，不难表达。所以，其美学价值社会认可度较高的原因便在于此，其在不同文化背景的群体中能被普遍接受的原因，也在于此。

然而，玉石类就比较复杂困难，如最典型的"玉石之王"翡翠。玉石是多晶集合体，是大体量的"美石"，可供人们观赏的体积相对于宝石很大，材料品质的优劣判断条件较多，翡翠就多达"种、水、色、底、工、光、裂、癣、棉、脏"十项，绝非一个"4C"可以解决。不仅如此，翡翠的十项条件各自变化又互相影响，以致组合出的视觉效果无限，导致审美元素的色彩、线条、形状、构图、透度

等变化无限、由此可以使人产生的艺术境界亦无限。这"三无限"还只是非雕刻件如手镯、串珠等自然的唯美，雕刻件，如挂件、摆件等在自然美的基础上，还须加上"玉雕"这个独立的艺术门类之美，其内容又包括主题、文化、形象、构图、光影、做工等。可见，翡翠的美学内涵十分复杂、非常丰富，是一个庞大的体系、"美丽的花园""梦幻的星空"。我们在本书中已经作了全面的解析，有所体验，正所谓"万古长空，一朝风月"。

我们发现，当拥有如此纷繁甚至神秘美感的翡翠走进市场，竟然遇到了对其美丽难以表达的尴尬，绝大多数情况下，人们惊叹一声"太漂亮了"，便呆而无语了。但毕竟，她特殊的美感为人们多样化的审美提供了无限的情趣选择，同时，她的价格空间下可到十几元、几百元，上可达数千万元、上亿元，完全满足了不同消费能力的群体。于是，美感与价格两者的互相作用形成了宽广的包容性，让它拥有了最广大的受众。所以，在中华玉文化的背景下，即在中华文化圈中，她的美学价值获得了极高的社会认可度，保持着数百年历久弥新的美誉。

翡翠的美久少

但是，对于走进市场的珠宝来说，仅有美丽还不够。要想产生和保持高价值，还必须久远和稀少，即必须同时具备"美、久、少"三个字。三个字少一个就会掉价，如曾经的稀罕宝贝玛瑙，很美，也很久，可以保持数百年上千年的美貌如初，但是太多，"美久多"，整个地球很多地方都产玛瑙，你有我有大家有，就不稀奇，价格上不去，价值就不会高。当然，其中有些稀少品种价格还是很高的。

如果少两个字呢？如曾经稀罕的宝贝珍珠，现在不仅很多国家的很多地方人工养殖出海量的珍珠，已不稀有；而且珍珠比较娇嫩，佩戴不慎或年代稍久，就会失去美丽的光泽，不能持久，所以价格不高，价值也不高。当然，有些稀少品种还是依然拥有很高的价格及价值。

如果三个字都没有呢？三个字都没有是啥东西？想必读者自己会有答案了。

但翡翠三个字都具备。"美"已不必赘述。"久"是由其物理化学性质决定的，笔者另有专著详述，绝大多数可以"越戴越亮，越戴越水"，历久弥美。"少"是由矿藏储量决定的，太多显然不行，要说明的是，太少也不行。太少了只能极少数人拥有，流通量不够便形不成市场；储量要不太多不极少，缅北开采了四五百年的翡翠矿刚好合适。近几年危地马拉翡翠的加入，以及俄料、哈料的可能加入，还有待观察。可见，谁也想不到，缅甸翡翠的"美久少"恰恰如此地完美，真乃"天赐宝物"也！

不过，天赐宝物也有麻烦事。就是其市场价值难以"准确"定价。姑且不论其品质评估的十个条件及其组合变化的复杂性，使其难于"准确"，就以其美学价值来看，千百万消费者个性化的审美，从根本上就不存在一个统一的标准。所以，行业内通行的是，用一个大概的范围来界定，就是"档次"。翡翠的价值可以分为八个档次：

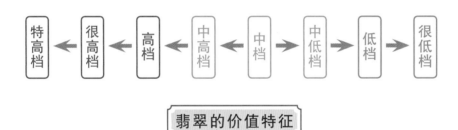

翡翠的价值特征

其实，档次是很多商品价值通行的划分办法，如房子、车子等，都分高、中、低档。所以，虽然档次是翡翠价值的一个特征，但不算突出。翡翠价值最突出的特征是两个字：稳定。无论从宏观还是微观来看，都很稳定。

从宏观看，即从整个品种看，如上所述，它并不会因为时代的发展、社会的变迁、货币的更改、辈分的交替而发生改变，在它被中华玉文化认可荣登榜首之后，至今数百年的历史时期内都稳坐高位。有的品种却不尽然，如珍珠和玛瑙，曾经，富贵人家很值钱的钟爱，如今变成了随处可见的中、低档珠宝了。

从微观看，即从内部的档次看，每一件翡翠依据其"十字要诀"所划归的档位，即上述八个档次的位置，更不会发生改变。不可能现在低档几十年后变成高档，

高档的变低档。这种情况在翡翠发展中期曾经出现过，如20世纪70年代之前，无色玻璃种不受待见，属低档料，堆在矿洞口卖不出，在腾冲县城拿去垫墙脚，近二十多年却翻身变成几十万上百万一件的高档货。然而"青春一去不复返，莫痴想"，现在早已进入了成熟期，不可能再如之前被弃之如敝屣了。品质的评估已经成熟，虽不能精准，但却有档次，上千万人甚至上亿人参与的市场成熟了。虽然在同档次内会因审美喜爱的不同而使具体的价格不同，但档位不会改变。这是翡翠发展四五百年的历史给我们的实证。

翡翠美学的地位

前面，我们从价值的角度对美学在翡翠总价值中的权重作了分析。如果换一个角度，我们从翡翠学科的构成，来看一看美学在翡翠各学科中的地位，对整体把握翡翠的学科体系，将有高屋建瓴之效。

美学属于哲学的范畴，古今中外，很多美学家就是哲学家，凡哲学家则必论美学事。所以，我们的生活中凡有美之处，都会渗透着美学的基本原理和概念，翡翠如此大美之物，更不例外。但如本书开篇所说，数百年行业的发展形成的评估体系，讲的是求财之道，属商学；三十多年珠宝院校的介入，讲的是求真之道，属科学；其实，一路走来，美都在如影随形，但引入美学，开拓清晰的求美之道，却努力甚少。

美学有自己的体系，形成它的内涵。但它的外延极为宽泛，遇美必涉，正是"美学知时节，润美细无声"。不仅玉质之美，通常所说的玉文化，其审美及美的表达，也是由美学来阐释和鉴赏的。而科学和商学中也有美学的渗入。所以，研究玉质的科学，研究财富的商学，研究心理的美学，三大学科体系内涵独立、外延交融，共同铸就了翡翠"玉中之王"的宝座。其中，美学显然是灵魂。

翡翠三学科内涵外延关系图

如果我们把三个学科涉及翡翠的主要内容梳理呈现，就会发现相关知识很多，而美学更是"目不暇接"，如下表。

翡翠的学科体系

科学 求真之道	商学 求财之道	美学 求美之道	
1.宝玉石学	1.行业评估	（玉质美）	（文化美）
2.国家标准	2.交易行规	1.种水色光	1.历史传承
3.宝石地质学	3.雕刻件常识	2.自然天成	2.民风民俗
4.矿物结晶学	4.非雕件常识	3.人智灵创	3.佛道常识
5.理化光学	5.真假鉴别	4.美学艺术	4.贵饰情结
6.优化与处理	6.价值价格	5.水墨诗谣	5.潮流时尚

在上表求美之道中，我们按传统，把翡翠的属性分为材质和文化两大板块，然后渗透美学，便可得到通常所说的材质美和文化美。当然，还有很多深入的分支本书尚未涉足，如翡翠与服装及人体和气质的美学关系，那里还有一幅三美图："玉美饰美人更美"。所以，不可把一件翡翠看骨感了，它其实很丰满，拥有丰富的内涵。如下图。

一件中高档翡翠成品上的美学体系

国标 分类 定义 理化 鉴定	成矿 场 口 开采 毛料 传入	种水 色底 工光 裂癣 棉脏	族群 传统 统人 天道 佛 民俗	贵饰 服饰 人体 财富 价值	美学 术赏 艺尚 鉴时 美语

↓ ↓ ↓ ↓ ↓ ↓

玉石基础　　成矿过程　　十字要诀　　民俗文化　　贵饰文化　　美玉文化

玉质美　←　审　美　→　文化美

价值与价格

美与翡翠的价格

价格是价值的货币化体现，也就是说，在市场上，商品的价值最终是以货币表现出来的，否则无法交易。同时也可以说，价格是价值的一种尺度，即价格是有具体数字的，数字的大小可以度量价值的高低。当然，这两点，翡翠也不例外。

但是，翡翠的价格却有自己不一般的特征。

翡翠的价格特征

翡翠价格的最大特征就是翡翠的价格是一个范围，或者说是一个区间，行话说"价位"。前述的每一个价值档次，都对应着一个价位或价格区间。如图所示。

翡翠成品的价值与价格对应图 RMB （2020—2022 年）

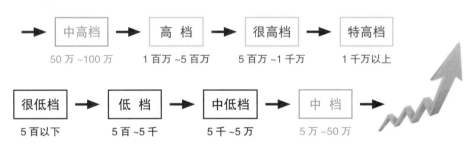

翡翠的价格区间让很多人感到困惑，这东西为什么没有一个明确的价格呢？没有实价我又喜欢又想要怎么下手呢？疑问的年代久远了，疑问的人也就多了，于是民间得出一个结论：黄金有价玉无价。

此话表示一种无奈的感叹便也罢了，但不少骗子却用它骗了不少钱财，很糟心。

应该反问：玉无价？无价怎么卖？玉有价的，一年几千个亿哦。

准确地应该说：黄金有价玉有价，喜欢就是价。

"喜欢就是价"是珠宝界公认的泰斗摩休先生于20世纪90年代就说过的一句名言。且看市场买卖时，老道的商家都会先问一句"看看给爱着？"意思就是"看看喜欢吗？"这句客气话的潜台词就不客气了："喜都不喜欢么还谈什么谈！"

还常听到直播间里的小姐姐也在喊"喜欢的扣1喜欢的扣1！"

这就对了，没学过美学的人在实践中喊出了美学的真话。

美学的真话威力很大，钱多钱少不在话下。

影响翡翠价格的特别因素

本来，影响翡翠价格的因素就很多。例如，从宏观上看，经济形势与年代变化的影响，注意上图的时间段，是我们最近三年对若干翡翠直播间和市场进行调查的结果，前些年的价格区间并非如此。又如，从操作细节上看，因货币的升值或贬值、流通转手的次数、交易地区的物价水平、工资、房租、物流等很多商品的共同因素，都会导致同一件商品有不同的价格。但是，凡标准化的商品都有标准且易于判断，所以虽有价差却较小，形不成"区间"。

翡翠则完全不同。作为不能吃、不能穿却又拥有广大受众的非标准化奢侈品，我们已经领略了它品质判断的复杂性，何况现在，只要发生一次以上的流通（转手），每一次都必然渗入买卖双方个性化的因素。如双方的眼光、喜好、实力、目的、利润、文化、性格等，这里发生的差距就很大了。

其中，特别是眼光和喜好这两个因素，是行业中的行为常态，行话说"有眼水""眼光毒"也是交易中隐身的先决条件，其实，就是美学中的审美水平与美感取向。我们已经知道，这里只有气象万千，没有千篇一律。于是，各自表达，各有说辞，说不准，各出卖价、买价，"谈笑间樯橹灰飞烟灭"，价格才逐渐靠拢，"价位"或"区间"的概念自然产生，才出现具体的明确的价格数字，最终成交。

因此，行业中对价位表述的行话是：小几、大几、中几、几位数……现在我们应该明白了：

用价位和价格区间看似模糊的尺度，来度量翡翠价值的档次，是十分准确且非常恰当的。

美与翡翠的升值保值

在翡翠的价值和价格中，我们看到了翡翠美的倩影，更看到了美的魅力，尤其是感受到了美的威力。现在，我们可以回答人们普遍关心的三个问题了。

其一，可以"捡漏"吗？

回答是：不，不可以。价格代表着价值，一件成品在整个产业链的十多道环节中，经过多少业内人的眼睛，哪有低价格买到高价值的"好"事？只怕是，七捡漏，八捡漏，捡得个假冒伪劣漏！

其二，这件东西贵吗？

回答是：只要在相应的价格区间内，多点少点哪有那么容易把握准，高点低点无所谓，主要看你爱不爱，爱就高高兴兴属于你，别纠结它贵不贵。

其三，这件东西能保值升值吗？

回答是：关键看它美不美。按上图的价位档次看，中低档就开始美，可以保值了，升值有点难；中档就很美，可以既保值又升值；档次越高的越美，保值升值能力就越强；高档以上的，美艳惊人，广泛惊人，代代惊人，更强！

珠宝玉石的"美久少"，美字当头，意在其中。翡翠之美给我们东方的人类带来了无限美妙的意象世界，凝视它，常如梦幻一般。

每到珠宝展销会，多少痴男粉女，四处奔走，热情寻觅，要想亲眼看到一件艳压群芳的翡翠。那情景，感人，恰如南宋风华儒将辛弃疾在《青玉案·元夕》中吟唱的那样（改两个字）：

梦里寻她千百度，蓦然回首，
那玉却在，灯火阑珊处。

参考文献

[1] 叶朗 . 美学原理 [M]. 北京：北京大学出版社 ,2008.

[2] 易中天 . 破门而入：美学的问题与历史 [M]. 上海：复旦大学出版社 ,2004.

[3] 宗白华 . 美学散步 [M]. 上海：上海人民出版社 ,2015.

[4] 王宏建 . 艺术概论 [M]. 北京：文化艺术出版社 ,2010.

[5] 李伯重 .1820 年代华亭——娄县地区各行业工资研究 [J]. 清史研究 ,2008,0(1)
    5-19.

[6] 杨曾宪 . 审美价值系统 [M]. 北京：人民文学出版社 ,1998.

[7] 裕德龄（清）. 御苑兰馨记 [M]. 北京：文化艺术出版社 ,2004.